# 郑州地热资源勘查技术研究

卢予北　郭友琴　吴　烨　田东升

王现国　甄习春　朱中道　　著

黄河水利出版社

## 内 容 提 要

本书在介绍郑州自然地理及地质环境、郑州地热资源类型与特征的基础上，对郑州地热资源的储量与流体质量进行了分析评价；详细研究了超深层地热钻探技术与成井工艺；结合实践分析了地热钻井事故产生的原因，并介绍了技术处理措施；对地热金属井管腐蚀机理进行了研究，提出了防腐改进措施；在分析郑州地热资源开发利用现状的基础上，提出了合理开发与保护建议。

本书可供地质勘查行业、相关科研单位的技术人员以及地质工程类本科生、研究生参考使用。

**图书在版编目(CIP)数据**

郑州地热资源勘查技术研究／卢予北等著. —郑
州：黄河水利出版社，2007.9
ISBN 978-7-80734-266-3

Ⅰ.郑… Ⅱ.卢… Ⅲ.地热–勘探技术–研究–郑州
市 Ⅳ.P314

中国版本图书馆 CIP 数据核字(2007)第 138977 号

组稿编辑：王路平 电话：0371-66022212 E–mail：wlp@yrcp.com

出 版 社：黄河水利出版社
　　　　　　地址：河南省郑州市金水路11号　　邮政编码：450003
发行单位：黄河水利出版社
　　　　　　发行部电话：0371-66026940、66020550、66028024、66022620(传真)
　　　　　　E-mail：hhslcbs@126.com
承印单位：黄河水利委员会印刷厂
开本：787 mm×1 092 mm　1／16
印张：8.5
字数：200千字　　　　　　　　　　　印数：1—1 000
版次：2007年9月第1版　　　　　　　印次：2007年9月第1次印刷

书号：ISBN 978-7-80734-266-3／P·73　　　　　　定价：20.00元

# 序 一

## ——我国地热深井钻探工程、地热地质获新成果

郑州市恰好处于我国东部沿海各省地热带的中间位置，在中原城市——郑州开展地热资源勘查和设计并钻成一口标志性的深井(2 763.66 m)，对我国将来在逐渐勘探与开发地热资源和提高深部地质学的研究程度，均有十分重要的意义。

其主要科研成果如下：

(1)为完成这项钻探工程，选用了具有双动力、双刹车系统的国产 ZJ-30 钻机和 QZ3NB-350 型泥浆泵以及石油系列管材等先进设备，并采用石油钻井与地质钻探工艺相结合的钻孔设计进行施工，为顺利钻成这口地热深井提供了技术保证。这是一次创造性的成果，为将来钻探同类深井开创了可参考的先例。

(2)对钻探过程中的一般技术问题，如泥浆漏失、钻铤断扣、卡钻、井壁掉块等，都做了及时预防和处理。仅用 10 个月时间完工，在技术上是成功的。

(3)特别应该指出的是，由于该井的特殊地质目的和要求，认真细致地遵循有关国家规范，做了下列重要测试工作，如通过抽水实验，了解水温、水质各项参数，估算出允许开采量，预测水位动态等，对丰富水文地质学以及将来开采都有重要指导意义。

(4)对地热水的化学分析与评价，以及对饮用水、医疗用地热水的成分都做出了数据化的评价，这是十分可贵的。

(5)最值得兴奋的是，在"红层有裂隙和构造"的情况下找到了地热水这一重大发现，对整个自北到南沿海几省的这个地热带带来了新的线索和希望，是当今深井钻探工程对水文地质学的一大新贡献。

(6)钻井过程中，他们对地热井管的腐蚀问题进行了较深入的研究，并采取了一些对策，这些防腐研究对今后的钻探工作也有着重要的参考价值。

总之，河南郑州地热深井钻探成果对水文地质工作和深井钻探工作，以及对我国自北向南的大地热带的勘探与开发，将会起到指导和启发作

用，并居国内领先水平。

在此，衷心地向河南省地矿局，河南省科研、地质、水文地质、钻探部门等单位的领导和同志们，对本项目的立项、资助和为国家大环境开发利用地热资源所给予的各种支持表示深切的谢意。

中国工程院院士

2007 年 7 月

# 序　二

当今世界，资源和能源短缺已成趋势。被人们所熟知的能源——石油、天然气和煤炭等，地球孕育了几十亿年，而人类大规模开发利用数百年已使其接近枯竭，而且不能再生。上述这些能源的超速开发和利用，又引发了环境污染和气候的变化，对人类的健康、可持续发展造成了严重影响。新发现的天然气水合物(可燃冰)新能源，储量很大，全球都在高度关注并加速勘探和研究，但至今尚无适宜的工程手段加以开发和利用。

地球的构造告诉我们，地心(核)熔融的岩浆和数万摄氏度的高温决定了地热资源的永恒性。对于地热资源的载体——地下水同时具有资源的双重性，即水资源和热能源。地热是绝对存在的，温度随其深度的增加平均每百米增加 3℃。通常情况下，地下几千米深处的水温都在 100℃以上，可直接用于发电、供暖等，以满足人类生产和生活所需。地热泵技术的发明和日渐扩大的应用，使浅层地热的利用变为极具前景的能源新领域。地热资源是一种洁净的、无污染的、永恒的、可供人类持续利用的长久性能源。围绕地热资源深入开展研究，结合地方和区域经济发展开展工作，造福人类，是一项利在当代、功盖千秋的伟大事业。

我以十分欣喜的心情拜读了卢予北等著的《郑州地热资源勘查技术研究》一书，该书详细阐述了中原腹地——郑州地区的地热资源类型、特征、储量、评价、勘查技术方法、地热钻井事故与处理技术及发展方向，对郑州当前及长远地热资源的开发与利用具有深远的意义。

地热资源勘探开发和利用的工程手段——钻探技术决定了地热资源利用的程度、速度及成本。书中对超深井地热钻探技术、装备及成井工艺进行了全面介绍，并对钻井过程中孔内易发事故及处理方法进行了深入论述；本书还对地热井成井后和使用中井管腐蚀机理、腐蚀类型及预防处理措施等进行了深入研究，得出了科学的结论并给出了合理建议。

全书映射出作者在地热资源勘探与开发中所做的大量的卓有成效的工作，反映出作者刻苦求实的科学精神，映透着他们对地质事业的热爱和献身精神。

我谨预祝作者们的伟大事业更加辉煌！预祝通过他们的辛勤工作使他

们的家乡——郑州的地热资源得到更好的开发和利用。

我诚挚地推荐此书，它是一部值得仔细阅读并能使人受益匪浅的有关地热钻探和开发的优秀科技图书。

吉林大学建设工程学院教授、博导、院长

国家教育部、原地质矿产部跨世纪优秀人才　　殷琨

国家百千万人才工程人选、国务院特殊津贴获得者

2007 年 7 月

# 前　言

　　"十一五"伊始,国务院颁布了《关于加强地质工作的决定》(以下简称为《决定》),对地质工作者来说如同久旱逢甘霖,它预示着我国地质事业的春天再次来临。纵观《决定》,可以看出能源矿产勘查和地质科技创新放在地质工作的重要位置,同时也明确指出了今后战略性地质工作发展的方向和任务。

　　众所周知,地质工作是研究地球、环境的科学,是国民经济和社会发展的先行者,也是设计未来、开发未来的工作,忽视它就是忽视未来,也违背了科学发展观的要求。随着我国经济社会的快速发展,城市化步伐的加快,资源的保证程度日趋严峻,重要资源的可采储量下降,石油、煤炭、天然气等价格持续攀升,同时经济社会发展与生态环境的矛盾也日益突出,能源结构不合理等。由于传统化石能源的大量消耗,导致了环境污染和生态恶化,并严重制约着人类社会文明程度和经济的发展。据统计,按照环境容量分析,我国每年大约允许排放 1 200 万 t $SO_2$。事实上,2000 年我国 $SO_2$ 排放量已达到 2 000 万 t,2004 年高达 2 254 万 t。目前,全国已形成 6 个酸雨区,近 2/3 城市的空气质量达不到二级标准。由此可见,人类生存的环境日趋恶化已成为一个不争的事实。

　　地热能是本土可再生的绿色能源!《决定》明确提出:"突出能源矿产勘查。能源矿产是重要的战略资源,必须放在地质勘查的首要位置。"《中华人民共和国可再生能源法》同样把地热能与太阳能、风能、水能、海洋能和生物质能列为可再生能源。所以,加大地热洁净能源的勘查与开发和提高自主创新能力,是我们地质工作者的首要任务,也是一个具有广阔前景的领域。我们坚信,地热洁净能源勘查与开发市场巨大并大有作为! 其主要依据有以下几个方面:

　　(1)地热是一种新型资源,同时也是可再生绿色环保能源。具有"热、矿、水"三种基本特征。它可广泛应用于发电、供热供暖、温泉洗浴、医疗保健、种植养殖、旅游等领域。

　　(2)地热资源可直接开发利用。与传统的消耗性能源(煤炭、石油、天然气)相比,具有无污染、占地面积小、运行成本和劳动强度低等特点,环境效益、经济效益和社会效益显著。

　　(3)地热资源分布广泛,能量巨大。深部地热能来自地球深处,它起源于地球的熔融岩浆和放射性物质的衰变。地下水的深处循环和来自极深处的岩浆侵入到地壳后,把热量从地下深处带至近表层。据估计,每年从地球内部传到地面的热能相当于 100 PW·h。全球每年地热资源的总量相当于 $4.948 \times 10^{15}$ t 标准煤燃烧时所放出的热量。中国地热资源在沉积盆地小于 2 000 m 深度中每年储存的地热资源总量相当于 $1.371\ 1 \times 10^{12}$ t 标准煤燃烧时所放出的热量。由此可见,地球是一个巨大的"热库",蕴藏着无比巨大的热能有待于开发利用。

　　(4)我国能源结构不合理,传统化石类能源消耗比重过大。目前,中国年利用地热资源量相当于 192.74 万 t 标准煤的发热量，此值仅仅是中国能量消耗总量的 0.1%。所以，国家在逐步调整和优化能源结构之时，地热资源开发市场必将前景广阔。

(5)《国务院关于加强地质工作的决定》和《中华人民共和国可再生能源法》等的出台，为地热资源勘查和开发提供了强有力的东风。与此同时，王秉忱、吴学敏、沈梦培、石定寰 4 位国务院参事不久前联名向国务院提出"关于开发利用我国地热资源问题的建议"，国务院副总理曾培炎非常重视，并做了重要批示。目前，国土资源部和中国地质调查局等正在研究如何勘探开发环保清洁可循环的地热资源问题。这些都充分表明了国家将加大力度进行地热资源勘查和开发，同时也给我们提供了一个平台和机遇。

2005 年 11 月 7 日，国家主席胡锦涛在 2005 北京国际可再生能源大会致辞中指出："能源和环境问题得不到有效解决，不仅人类社会可持续发展的目标难以实现，而且人类的生存环境和生活质量也会受到严重影响。可再生能源丰富、清洁、可永远利用。加强可再生能源开发利用，是应对日益严重的能源和环境问题的必由之路，也是人类社会实现可持续发展的必由之路。"

总之，构建和谐社会，保证经济社会可持续健康发展，地质工作大有可为。我们必须抓住机遇，借《决定》东风之势，坚持以科学发展观指导工作。在地热洁净能源勘查和开发利用方面，转变经济增长方式，调整和优化产业结构，提高自主创新能力，促进经济发展与人口、资源、环境相协调，为建设资源节约型、环境友好型社会做出积极贡献。

编写本书的目的是，一方面使更多的人了解地热洁净能源的相关知识和郑州的地热资源情况；另一方面起到抛砖引玉的作用，使政府和社会关注地热洁净能源的勘查与开发。同时，也可作为地质勘查、国土资源、地下水监测、热力、能源等行业的技术人员和大专院校地热地质专业本科生、研究生参考用书。

该书的第 6 章至第 9 章是在《郑州市超深层地下水和地热资源科学钻探工程与开发研究》成果基础上编著而成的，其成果为国内领先水平。中国工程院院士刘广志先生在百忙中给予了审查和高度评价，并提出了珍贵的意见和建议。

在书稿审定和修改过程中，桂林工学院吴英隆副教授和我的导师殷琨教授(吉林大学建设工程学院院长、博士生导师)给予了精心指导和帮助。最终书稿由河南省地矿局副总工程师、国务院政府特贴专家赵云章教授级高工审定。在此，为他们的辛勤劳动和关爱表示诚挚的感谢和敬意！

卢予北

2007 年 5 月 8 日于郑州

# 目　录

# 第1章  郑州自然地理及地质环境

## 1.1  自然地理概况

### 1.1.1  交通位置

郑州位于河南省的中部，为河南省省会。它北靠黄河，西依嵩山，东邻开封，南接许昌。京广、陇海两大铁路及京珠、连霍两大高速公路在此交汇，县乡公路四通八达，郑州国际机场南距郑州市区 30 km，构成了现代化的立体交通网络，交通条件便利，是我国重要的交通枢纽之一。同时，也是我国重要的大型商贸集散地之一，商业繁荣，工业发达，地理环境十分优越。

### 1.1.2  气象条件

郑州属暖温带半湿润气候，四季分明，春季干旱风沙多，夏季炎热雨集中，秋高气爽日照长，冬季寒冷雨雪少为其主要特征。

郑州市多年(1961～1980 年)平均气温为 14.25 ℃。冬季(12 月～翌年 2 月)气温最低；夏季(6～8 月)气温最高。年温差 27 ℃，全年气温高于 30 ℃的天数 84.3 天，极端最低气温为 –17.9 ℃(1971 年 12 月 27 日)。该区为季风区，春夏季盛行南风，秋末冬初盛行西北风，冬季则以东北风和西北风为主。多年(1961～1980 年)平均风速为 2.95 m／s，最大风速为 20.3 m／s(1980 年 12 月 1 日)。

郑州市降水量适中，但年际变化较大，年内降水分布不均。根据郑州市气象局 1951～1997 年资料，年平均降水量为 629.7 mm，最大为 1 041.3 mm(1964 年)，最小为 349.3 mm(1952 年)，降水集中在 7～9 月，降水量为 335.9 mm，占全年降水量的 53%，1、2、12 月 3 个月降水量仅 30.2 mm，占全年降水量不足 5%。以降水频率 25%为丰水年时，降水量大于 768 mm；降水频率 75%为枯水年，降水量小于 495 mm；降水频率 95%为特枯年，降水量小于 403 mm。多年(1971～1980 年)平均蒸发量为 1 853.2 mm；多年平均相对湿度为 66%。

### 1.1.3  水文因素

流经本市的主要河流有六条，除黄河外均属淮河水系。

#### 1.1.3.1  黄河水系

黄河由西向东流经工作区[❶]北部边界，长约 40 km，进入工作区后，成为驰名中外的"地上悬河"，河床高出堤外地面 2～5 m，常年补给地下水，补给宽度 6～8 km。花园口水文站多年平均流量 1 447 m³／s，最大流量 22 300 m³／s(1958 年)。多年平均水位 91.53 m，最高水位 94.32 m(1958 年)，最低时可干枯(1960 年)。最大日含沙量 546 kg／m³(1977 年 7 月 10 日)，最大年平均含沙量为 53.6 kg／m³，多年平均含

---

❶ 本书所指"工作区"即为"郑州市区"。

沙量为 27.81 kg／m$^3$。目前黄河是郑州市重要的供水水源。已建成有邙山、花园口提灌站，取水流量为 10 m$^3$／s。

#### 1.1.3.2  淮河水系

有贾鲁河、索须河、金水河、熊耳河、七里河、潮河和魏河等，均汇入贾鲁河，再流入沙颍河。

(1)贾鲁河  发源于新密市白寨和荥阳市贾峪乡，自西南流入境内，向东北蜿蜒，经石佛、老鸦陈至姚桥东流入中牟县境，流域面积 963.0 km$^2$，区内长 62.7 km。据记载，1835 年和 1915 年曾发生特大洪水，洪峰流量分别达 3 590 m$^3$／s 和 1 015 m$^3$／s，据常庄水文站资料，1956 年最大洪峰流量 400 m$^3$／s，近年来流量逐渐减小，现在基本流量只有约 0.4 m$^3$／s。其上建有尖岗水库、常庄水库和西流湖水库，也是郑州市的应急备用供水水源。

(2)索须河  发源于荥阳崔庙的索河(长 46.2 km)和发源于荥阳贾峪的须水河(长 26.1 km)，在古荥盆河村汇合后称索须河。该河向东流至花园口祥云寺入贾鲁河，长 69.8 km (区内长 24.8 km)，流域面积 600 km$^2$。

(3)金水河  发源于侯寨南龙岗，向东北流经市区，至八里庙村入东风渠，长 27.6 km，流域面积 130.5 km$^2$。

(4)熊耳河  发源于铁三官庙村，经市区东南角至祭城东北入东风渠，长 19.5km，流域面积 87 km$^2$。

(5)七里河  发源于新郑县郭店和小乔，经十八里河至圃田北杨庄入东风渠，长 38 km (区内长 27 km)，流域面积 244.6 km$^2$。

金水河、熊耳河、索须河、七里河等均为季节性河流。其中熊耳河是市区主要排污河流。

## 1.2  地质环境条件

### 1.2.1  地形地貌

根据地貌成因和形态，郑州市区内地貌类型划分为 2 个大类 5 个亚类(见图 1-1)。

#### 1.2.1.1  侵蚀堆积类型(Ⅰ)

郑州市区地貌类型受新构造运动影响较大，大致以老鸦陈断裂为界，该断裂以东长期下沉接受沉积，以西前期下沉，后期回返上升遭受侵蚀切割，特别是受尖岗断裂、老鸦陈断裂和古荥断裂的控制，形成邙山和三李比较高的地形，使邙山成为黄河的南岸屏障。邙山岭从新安县延缓到郑州，在保合寨附近突然终止，可能也是受老鸦陈断裂影响的结果，这样在京广铁路以西地区形成南、北高的黄土台塬及中间较低的塬前冲、洪积岗地，京广铁路以东地区为黄河冲、洪积平原。

##### 1.2.1.1.1  黄土台塬(Ⅰ$_1$)

郑州市区内西北为邙山黄土台塬，西南部为三李黄土台塬。海拔 200 m 左右，塬面平坦，两塬相向微倾斜、坡度 1°～3°。塬的上部为上更新统褐色黄土，下部为中更新统棕色亚黏土。

三李黄土台塬：塬西高程 200 m，塬面已被侵蚀作用破坏，地形破碎，塬面起伏不平，向北微倾斜，坡度在 3°以内，冲沟发育，呈树枝状，切割深度在 60 m 左右，切割密度 1.5 km / km²。

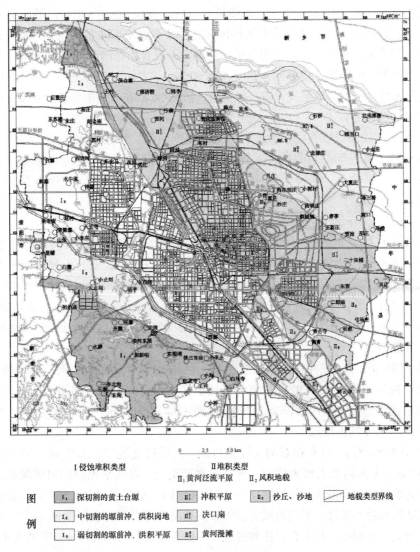

I 侵蚀堆积类型　　　　　　　　II 堆积类型
　　　　　　　　　　　　　　　II₁ 黄河泛流平原　II₂ 风积地貌

图
例

| I₁ 深切割的黄土台塬 | II¹₁ 冲积平原 | II₂ 沙丘、沙地 | 地貌类型界线 |
| I₂ 中切割的塬前冲、洪积岗地 | II²₁ 决口扇 | | |
| I₃ 弱切割的塬前冲、洪积平原 | II³₁ 黄河漫滩 | | |

**图 1-1　郑州市地貌图**

邙山黄土台塬：测区内只是该塬东延部分的边缘，塬面高出黄河河床 100~110 m，南坡平缓，北坡陡。该塬为黄河的冲刷岸，塬面高程 200 m 左右，塬面微向南倾斜，塬面破碎，冲沟发育，切割密度 2 km / km²，切割深度 30~80 m。黄土陡立、直立裂隙发育，易被雨水冲蚀。

### 1.2.1.1.2　塬前冲、洪积岗地(I₂)

分布在台塬的前缘，由上更新统亚砂土、亚黏土及黄土状土组成，海拔 130~150 m。呈条状展布于台塬的前缘，最宽处 700 m，最窄处 100 m，南部岗面微向北倾，岗面坡度 5° 左右，冲沟特别发育，切割深度 5~20 m，切割密度 2.5 km / km²。

1.2.1.1.3　塬前冲、洪积平原($I_3$)

分布于南、北两岗的前缘，本区地壳上升缓慢，河流趋于老年期的 U 字形河谷，堆积物由全新统($Q_4$)的亚砂土、亚黏土和砂砾石组成，海拔 100～130 m，平原面平坦，微向东北倾斜，坡度 1°～2°，平原内有似梯田状的多级不超过 1 m 的陡坎，接近岗处有冲沟发育，多为浅、短、窄的小沟，至平原的中部冲沟不发育，切割深度 1.5～4 m。其上发育有潮河、金水河、索须河、贾鲁河，宽度 30～60 m，切割深度 2 m 左右。索须河在区内的大榆林村至帅家沟段两岸零星发育着一级阶地，阶宽 30 m 左右，由全新世亚砂土组成。

1.2.1.2　堆积类型($II$)

分布在京广铁路线以东的广大地区，地壳不断下降，堆积作用强烈，新构造运动具明显的继承性，晚近期以来间歇性下降运动为主，沉积了巨厚的新生代地层。地表岩性为全新统($Q_4$)的亚黏土、亚砂土和粉砂、粉细砂。根据成因的不同可分为黄河泛流平原和风积沙丘、沙地。

1.2.1.2.1　黄河泛流平原($II_1$)

分布在京广线以东地区，该区长期处于下降状态，使黄河成为典型的地上悬河，长期以来多次改道、决口、泛滥，形成广阔的黄河冲积平原。划分为黄河冲积平原、决口扇和漫滩。

(1)泛流平原($II_1^1$)　分布在京广线以东，海拔 84～100 m，地势向东北微倾斜，坡度为 1/500 左右，其上有大小不同的洼地分布，河渠密布。岩性为全新统中部的亚砂土、轻亚黏土和粉砂。

(2)决口扇($II_1^2$)　位于冲积平原的东北部，它是 1938 年国民党扒开花园口段黄河大堤后泛滥形成的，海拔 83～92 m，地势呈长条状由西北向东南微倾斜，坡降为 0.5‰，由西北向东南逐渐变宽，西北部宽 2.75 km，东南部宽达 6 km，平均宽 4 km，由全新统上部的亚砂土和亚黏土组成。

(3)黄河漫滩($II_1^3$)　分布在黄河主流道以南、大堤以北地带，海拔 90～97 m，高出堤外地面 0.5 m，由西向东黄河大堤内、外高差逐渐增大。滩面平坦微向河床倾斜，据高度的不同分为低漫滩和高漫滩。低漫滩高出黄河水位 1 m 左右，一般洪水不到，分布面积较大，前缘陡坎和河水接触，形成物质为粉细砂。高漫滩高出黄河水位 3 m 左右，零星分布在该区的两端，面积小，其上有村庄和耕地，一般流量为 20 000 $m^3$/s 以下的洪水不淹没。

1.2.1.2.2　风积沙丘、沙地($II_2$)

风积沙丘、沙地是由于风的吹扬作用和堆积作用形成的，分布在测区的东南部。中部桑园、乳牛厂、南花沟分布有不连续的单个沙丘。南部地形起伏不平，大部分沙丘形态不明显，呈连片的沙地，分布无规律，多被耕植或改造成园林，在梁湖和司赵村东北处，沙丘形态明显，多呈北东向展布的沙链。单个的沙丘微向南凸，呈似新月状，沙质多为粉砂、粉细砂，高度在 5～10 m，其上树木和杂草丛生，遏止沙的移动，形成固定或半固定型沙丘。

## 1.2.2　地层

郑州西南低山丘陵区出露有寒武系、新近系，郑州市区地表出露有第四系中更新统、上更新统和全新统，平原地带于钻孔中见有三叠系、新近系、第四系(见图 1-2)。

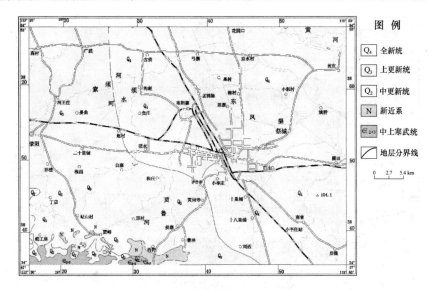

**图 1-2　郑州市区域地质图**

郑州市区地层属华北地层区华北平原分区，区内出露地层以第四系为主，约占郑州市区总面积的 99%，仅在市区西南三李、奶奶硐沟一带零星分布有寒武系中上统、石炭系中上统、二叠系上统及新近系(见图 1-3)。

现将市区及其附近的地层结合钻孔资料由老到新分述如下。

### 1.2.2.1　古生界

(1)寒武系($\in_2$+$\in_3$)　分布于郑州市西南地带，零星出露于市区西南三李南沟，由中、上统灰、深灰、灰白色厚—巨厚层状白云质灰岩、鲕状灰岩、白云岩组成，裂隙岩溶发育不均，厚 250～600 m。

(2)奥陶系($O_2$)　下部为薄层灰黄色泥灰岩、角砾状灰岩，局部见底砾岩；中部为灰黑色厚层状灰岩、白云质灰岩、花斑状灰岩；上部为灰色白云岩、白云质灰岩。下伏寒武系上统呈平行不整合接触。厚 43.9～230.9 m。

(3)石炭系($C_{2-3}$)　零星分布于工作区西南的奶奶硐沟及梨园河至三李的钻孔中。①中统($C_2$)，该统为一套杂色泥岩、铝土质页岩、铝土矿，局部地段底部为褐铁矿或赤铁矿层，与奥陶系中统呈不整合接触，厚 2.7～45.6 m。②上统($C_3$)，该统下部为深灰色厚层灰岩、灰白色石英砂岩，夹可采煤层或煤线；中部为黑灰色薄层砂质泥岩、灰色厚层中粗粒石英砂岩、薄层灰岩，夹薄煤层(线)；上部为黑灰色砂质泥岩、泥岩、燧石条带灰岩，夹煤层(线)。可见 4～9 层灰岩、产筵、腕足、珊瑚和植物化石，与中统整合接触，厚 19.8～98.3 m。

(4)二叠系(P)　零星出露于工作区西南的奶奶硐沟一带，地表仅见到上统上部地层，其他分布在三李一带的钻孔中。①下统($P_1$)，该统下部(山西组)为灰黑色砂质泥岩、泥岩、灰白色中粒含云母砂岩，夹石英岩及煤层(线)；上部(下石盒子组)为灰色中粒砂岩、砂质泥岩、泥岩。该统为主要可采煤组，产植物化石，与石炭系上统整合接触。厚 105～286.6 m。②上统($P_2$)，其下部(上石盒子组)为灰绿色、灰白色及黄绿色中细粒石英砂岩、砂质泥岩、

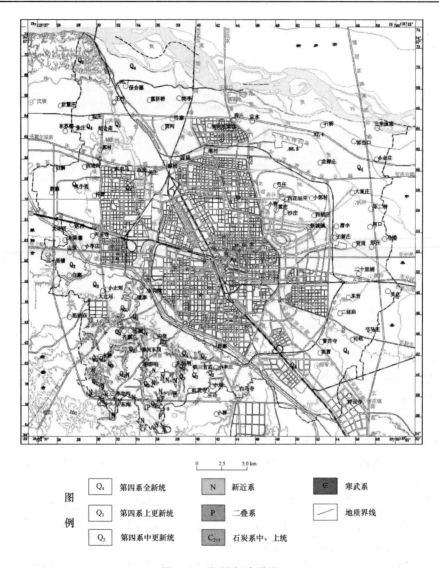

图例

| Q₄ 第四系全新统 | N 新近系 | 寒武系 |
| Q₃ 第四系上更新统 | P 二叠系 | 地质界线 |
| Q₂ 第四系中更新统 | C₂₊₃ 石炭系中、上统 | |

0    2.5    5.0km

**图 1-3  郑州市地质图**

泥岩、长石石英砂岩,夹可采煤层及煤线;上部(石千峰组)为灰紫色、棕红色、灰绿色砂质泥岩、泥岩、细砂岩、粉砂岩。下部产植物化石,与下统整合接触。厚 780～1 260 m。

#### 1.2.2.2  中生界

研究区仅揭露三叠系,见于河南省高速公路管理局郑科热 1 井,该处揭露厚度大于 2 000 m。①三叠系下统和尚沟组($T_{1h}$),上部为紫红色粉砂质页岩夹深灰、灰色、灰绿色长石砂岩;中部为深灰色、灰白色中细粒长石石英砂岩与紫红色粉砂岩呈不等厚互层;下部为紫红色粉砂质页岩。钻孔揭露厚度 273.6 m,未揭穿。②三叠系中统二马营组($T_{2c}$),深灰、灰色、灰绿色长石砂岩与暗紫红色粉砂岩不等厚互层。厚 320 m。③三叠系上统油房庄组($T_{3y}$),深灰、灰色、灰绿色长石砂岩与暗紫红色粉砂岩不等厚互层。底部为厚 70 余 m 的深灰、灰色、灰绿色长石砂岩,含轮藻化石。厚 784 m。④三叠系上统椿树腰组($T_3$)，上部以灰白色钙质铝土质泥岩为主，易研成粉末，厚213 m；中部为灰白色长石砂岩与紫红色粉砂质泥岩互层；下部为灰色长石砂岩与紫红色粉砂岩互层；底部为厚70余 m 的深灰、灰色、灰绿色长石砂岩。合计厚588 m 左右。

#### 1.2.2.3 新生界

(1)新近系(N) 在区域上出露于工作区西南西岗、贾峪一带。工作区内，零星出露于市区西南申富嘴—曹洼以南，其他见于全区钻孔。分为中新统和上新统。①中新统($N_1$)，主要指馆陶组($N_g$)，其岩性底部为砂岩、砾岩；下段为棕红、棕色半胶结泥岩与细中砂、中砂互层；中段为棕红、棕黄色半胶结泥岩与灰黄、灰白、黄白色中砂、中粗砂互层；上段为灰绿、灰棕、棕红色半胶结泥岩夹黄白色细砂、中砂。厚300～560 m。②上新统($N_2$)，主要指明化镇组($N_m$)，其岩性下部以红棕色泥岩和绛红色黏土为主，夹浅黄色细砂、中细砂；上部以灰黄色、淡棕色细中砂和粗砂砾石为主，夹棕红、棕色黏土。厚250～1 140 m，其底板埋深由市区西南150 m 及西部的620～670 m 向东北渐深至2 000 m。

(2)第四系(Q) 地表广泛分布，沉积厚度由西南向东北渐增，从西南侯寨一带60 m 到市区东北的森林公园一带增至200 m。①下更新统($Q_1$)，见于钻孔中，三李一带缺失。下部为棕黄、灰绿色厚层状中砂、中细砂夹粉质黏土层；上部为灰绿、棕红色粉质黏土夹薄层细砂。厚52～105 m。②中更新统($Q_2$)，区域出露于郑州市西南部，工作区内见于三李一带冲沟中，其他见于钻孔中。以冲、洪积相为主，由黄棕、棕黄色粉质黏土、粉土夹薄层中砂、中细砂、细砂层组成，厚19.4～50.0 m。③上更新统($Q_3$)，区域出露于郑州市西部广武、荥阳二十里铺、岵山村一带，工作区见于市区西北邙山及三十里铺—大田垌西南一带，其他见于钻孔。岩性下段底部为黄土层(含钙质结核)夹古土壤层，上部以冲、洪积和洪积层为主；上段系冲、洪积和洪积层，其上部为粉质黏土、粉土，下部为砂层，厚28.5～61.2 m。④全新统($Q_4$)，区内分布广泛，为黄河新近冲积物，厚度为3～28.5 m，河南省委、保合寨一带最厚。中下段为冲积层，由灰、灰黄色粉土、粉质黏土、粉砂、细砂和中粗砂组成；上段由黄河泛流冲积层和风积层组成。

### 1.2.3 地质构造

工作区位于华北坳陷(凹陷)(一级构造单元)中的开封坳陷(二级构造单元)的西南部，与西部的嵩山隆起(凸起)相接(见图1-4)。坳陷的形成及其中的构造展布受控于区域大地构造活动。

华北盆地是中国东部一个大型的中新生代沉积盆地，其基底是由太古界及下元古界变质岩系、中元古界至下古生界的碎屑岩和碳酸岩系、上古生界夹煤层和碳酸岩层的碎屑岩系构成。中生代初的印支运动华北地台整体上升为陆地。燕山运动早期，华北盆地与相邻的区

**图1-4 华北盆地地质构造图**

域在构造上还是一个整体，自燕山运动晚期(晚白垩纪)开始，西北部、西部和南部的太行、嵩箕、伏牛及大别山体以及东面的鲁西和徐淮断块升起，区域内部下降，形成了坳陷，奠定了华北中生代盆地的雏形。坳陷内部，在基底构造断裂及断裂活动影响下，作不均衡下沉，从而在坳陷区内部形成一系列次级断(坳)陷盆地和断块隆起，如济源—开封坳陷和通许隆起等。经过早第三纪强烈差异运动之后，隆起区受到剥蚀，坳陷区被填平，形成了隆起区(如郑州西南山区等)中生界侏罗系、白垩系及古近系的缺失和坳陷区内古近系的沉积。

在喜马拉雅运动影响下，华北中生代盆地又全面陷落，形成了统一的大坳陷，与它相对应，外围区域则呈现为隆起。与此同时，盆地内部先期形成的断裂重新复活，从而使次级坳陷和隆起更为发育，影响着新近系的分布和厚度。之后，华北坳陷内广泛沉积了新近系浅湖相、河流相砂岩和泥岩层，部分地区夹有砂砾岩，其范围超过了古近系。另外，在喜马拉雅运动影响下，次级坳陷内部又发生了小规模的不均匀沉降，一方面形成了更次一级的坳陷和隆起，如在济源—开封坳陷内形成了开封坳陷和武陟隆起，另一方面，也影响着新近系和第四系的分布与厚度。

开封坳陷形成于中、新生代，其基底均为三叠纪碎屑岩类地层。工作区内构造以北西向和近东西向断裂为主(见图 1-5)。这些构造都是在区域内多次构造运动影响下形成的，它们和新构造运动一起控制着工作区的地热特征。除花园口断裂($F_3$)和老鸦陈断裂($F_2$)外，大部分断裂均属基底断裂，错断了三叠系—奥陶系。由于这些断层在市区自西南向东北分别呈东西向平行分布和北西向平行分布，造成基底呈阶梯状断落，形成许多断块，使上部第四系和新近系厚度变化较大。资料显示，在郑州西南三李新近纪厚 150 m、到河南省高速公路管理局新近纪和第四纪厚 798 m、市体育馆新近纪和第四纪厚 960 m、郑州东区花园路附近新近纪和第四纪厚达 1 200 m 左右，向东北更厚，小贺庄、张桥一带超过 2 000 m，如图 1-5 所示。

### 1.2.3.1　近东西向断裂

(1)中牟断层($F_7$)　该断层在地震剖面上显示明显，奥陶系反射界面有明显错动。断层西起黄家庵，经老薛庵延至区外，区内长约 15 km。走向近东西，倾向北，断距 300 m，南升北降。断层发生在早第三系沉积以前，是一条稳定断层，被花园口断层($F_3$)切割成两段。

(2)中牟北断层($F_5$)　该断层在地震剖面上显示明显，奥陶系反射界面有明显错动。断层西起大河村附近的花园口断层，经刘江延至区外，区内长约 14 km。走向近东西，倾向北，断距 300 m，北盘下降，南盘上升。断层未波及到新近系，晚第三系以来是稳定的。

(3)上街断层($F_8$)　该断层在重力异常上呈近东西向的梯度带，于地震剖面上异常显示明显，自奥陶系至三叠系的反射界面均有明显错动。在卫星航片上隐约有线性影像显示。断层西起小马寨，经圃田延至区外，长约 36 km，被北西、北东向断层切割成数段。走向近东西，倾向北，断距约 200 m，南升北降。该断层错断了前新生界所有地层，并未影响到新近系，且断层两侧新近系厚度变化不大，说明该断层活动缓慢，较稳定。

(4)须水断层($F_9$)　该断层在重力异常上显示近东西向的梯度带，于地震剖面上有明显显示，奥陶系反射界面明显错动。断层西起张寨，经大燕庄延至区外，被北西向断层

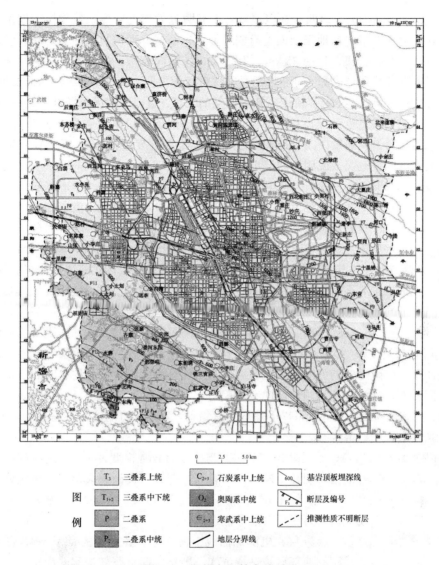

图 例

| | | | | | | |
|---|---|---|---|---|---|---|
| T₃ | 三叠系上统 | C₂₊₃ | 石炭系中上统 | 600 | | 基岩顶板埋深线 |

- T₃ 三叠系上统
- T₁₊₂ 三叠系中下统
- P 二叠系
- P₂ 二叠系中统
- C₂₊₃ 石炭系中上统
- O₂ 奥陶系中统
- ∈₂₊₃ 寒武系中上统
- 地层分界线
- 600 基岩顶板埋深线
- F₂ 断层及编号
- 推测性质不明断层

**图 1-5　郑州市区基岩地质图**

切割成数段，长约 34 km。走向近东西，倾向北，断距大于 200 m。新生界底板没受到影响，说明晚第三系以来是稳定的。

(5)三李北断层(F₁₃)　该断层西起磨前李，东到董家沟，长约 4.5 km。走向近东西，倾向南，断距 10～220 m，南降北升。断层形成于燕山期，第四系以来是稳定的。

(6)三李南断层(F₁₄)　该断层西起胡河南，经三李、东沟延出区外，区内长约 2 km。走向近东西，倾向北，断距 230～270 m，北降南升。断层南盘出露寒武系、奥陶系上统。断层形成于燕山期，第四系以来是稳定的。

(7)古荥断层(F₁)　该断层西与区外广武断层相接，经古荥北与老鸦陈断层(F₂)相交，区内长约 6 km，走向近东西，性质不明。

#### 1.2.3.2 北西向断裂

(1)老鸦陈断裂(F$_2$) 该断层在卫星航片上有明显的线性影像,经物探工作重力异常表现为北西向梯度带,在地震剖面上有明显显示。断层北西向自黄河老桥起,经邙山东侧、省体育馆东到耿庄,长约 35 km。走向 330°,倾向北东,倾角 60°~75°。断层北东盘下降,南西盘上升,形成时间可能在喜玛拉雅运动早期,断层断距由南东向北西增大,由 250 m 增至 400 m,控制了新近系和第四系的沉积,造成了测区东西两侧的地势差异。断层在市区附近的新近系顶板有错动显示,在邙山附近,1974 年曾发生过 3.3 级地震。另外,该断层与上街断层(F$_8$)的靠近地段于 1041 年 2 月发生过 4.75 级地震,1968 年 3 月也曾发生过 4 级地震,说明该断层仍有活动。

(2)花园口断层(F$_3$) 该断层在卫星航片上有明显的线性影像,于地震剖面上异常显示明显,并显示出第四系底界发生了错动。断层北西自花园口起,南东到王新庄止,延伸长约 19 km 与中牟断层相汇合,并把中牟断层切断。走向 330°,倾向北东,倾角 70°。南西盘升,北东盘降,断距于南西部小于 150 m,向北增大约 200 m,基底错动大于 500 m,第四系底界已发生错动,说明该断层活动持续时间较长,晚第三系以来仍有活动。

(3)沟赵断层(F$_6$) 该断层经物探工作,重力异常呈明显的北西向梯度带,在地震剖面上有明显显示。断层北西自朱庄起,南东到郑州市委止,长约 17 km。走向 330°,倾向北东,南西盘上升,北东盘下降,中部断距 800 m,南东部断距 400 m。早第三系存在活动。

(4)柳林断层(F$_4$) 该断层在地震剖面上清楚地看到新近系以下地层均有明显错动。断层北西自杜庄附近的老鸦陈断裂起,向南东延伸至桑园附近,长约 10 km。走向从近东西转向北西,倾向北东,倾角 70°。北东盘降,南西盘升,断距 150~300 m,北西段断距大,南东段断距小。新近系以下地层均有错动,其形成时期应为喜玛拉雅运动早期,晚第三系以来处于稳定状态。

(5)尖岗断层(F$_{11}$) 该断层处在北西向的布格重力异常梯度带上,在地震剖面上有明显显示,奥陶系反射面错动明显。断层北西自张寨起,经尖岗到大田垌延至区外,长约 23 m。走向 310°,倾向东北,倾角 65°,北东盘升,断距大于 2 000 m。新近系底界没有断开,说明它形成较早,晚第三系以来是稳定的。

(6)郭小寨断层(F$_{12}$) 该断层在电测深曲线中视电阻率呈突变显示,于地震剖面上基底反射界面有明显错动,其西部已被钻探证实。断层北西自张红沟起,南东到双冢止,长约 10 km。走向 300°,倾向北东,倾角 60°~80°,北东盘降,南西盘降,断距约 400 m。该断层形成于燕山期,晚第三系以来是稳定的。

(7)小店断层(F$_{10}$) 该断层位于小店,长约 5 km。走向北西,切断了上街断层和须水断层,性质不明。

此外,在西南三李—侯寨一带有一北东向断层(F$_{15}$),该断层走向北东向,和郭小寨断层、三李北断层相交,性质不明,长约 2.7 km。

#### 1.2.4 新构造运动

测区新构造运动较发育,主要表现形式为升降运动和断裂活动。

#### 1.2.4.1 升降运动

(1)西部长期下沉回返上升 位于京广铁路以西,受老鸦陈断裂控制,以 100 m 等高线形成一自然台阶，构成东西两部分的自然分界线。该区在第四纪以前表现为大幅度下沉，而沉积了较厚的新近系，厚度自西南向北东逐渐增大。进入下更新世，郭小寨以南受断裂活动的影响，急剧上升，郭小寨南缺失下更新统沉积，而以北地区则缓慢上升，沉积了下更新统、中更新统、上更新统，厚度较薄，约 80 m，到上更新世晚期继续上升，于古荥—须水一带沉积了较薄的全新统下段。全新世时期，西部一直上升，接受剥蚀，形成大量冲沟，改造成现在的地貌形态。

(2)东部长期下沉 位于京广铁路以东，新生界逐渐增厚，地层齐全，总厚可达千余米，第四系沉积厚度比西部厚约 200 m。全新世以来继续下沉，加上黄河带来大量泥沙的沉淀，使黄河河床高出堤外地面 2～5 m，形成闻名遐迩的悬河。

#### 1.2.4.2 活动断裂与地震

区内断裂构造以北西向断层为主，均发生在第四纪以前。形成一系列的正断层。新生代初期，老鸦陈断层有活动，使新近系、第四系产生东西差异。第四纪时期，老鸦陈断层仍有活动，但活动较弱，在与上街断层交汇处曾发生过 4 级地震。

本区地震不多，有历史记载的 4 级以上地震仅有三次，第一次在 928 年，震级 4.75 级，地震烈度为Ⅵ度；第二次在 1041 年，震级 4.75 级，地震烈度为Ⅴ度；第三次在 1688 年，震级 4 级，地震烈度为Ⅳ度。近期也发生过两次地震，一次是 1968 年的 4 级地震，一次是 1974 年的 3.3 级地震。这些地震都与老鸦陈断层有关。其他 2 级左右地震有四次，均发生在侯寨一带，与北西向断层有关。

根据 1∶400 万《中国地震烈度区划图》及《中国地震震动参数区划图》(GB18306—2001)，工作区地震基本烈度为Ⅶ度，地震动峰值加速度为 0.15$g$。

## 1.3 区域水文地质条件

根据地下水含水介质及孔隙类型，工作区浅层地下水可划分为松散岩类孔隙水、碎屑岩类孔隙裂隙水、碳酸盐岩类裂隙岩溶水三种类型，如图 1-6 所示。

### 1.3.1 松散岩类孔隙水

赋存于第四系及新近系各种成因的松散岩类孔隙中，分布广，厚度大，渗透性好，开采条件优越，为本区主要含水类型。据其水力性质、埋藏深度及开采现状等，在垂向上划分为以下几组。

#### 1.3.1.1 埋深 80 m 以浅含水层组

指埋藏于地表 80 m 深度内的潜水，西部埋藏较浅，东部埋藏较深。浅层含水层组在京广铁路以东主要由全新统和上更新统组成；西部塬间平原为上更新统和全新统，台塬区则以中更新统为主，并有下更新统和新近系。含水层厚度一般小于 25 m。富水性差异大，具由西向东逐渐增大的规律，单井涌水量西南小于 100 m³/d，东北部最大达 5 000 m³/d 以上。水化学类型以 $HCO_3$—$Ca \cdot Mg$ 型为主。受开采影响，2005 年枯水期降落漏斗沿西北—东南向展布，分布于沟赵—石佛—京广路、建设路交叉口—大岗刘乡卧龙岗—须水连线区内，形成一闭合漏斗。漏斗中心位于建设路国棉五厂，水位埋深 33.90 m(标高 73.35 m)，面积 48.44 km²。

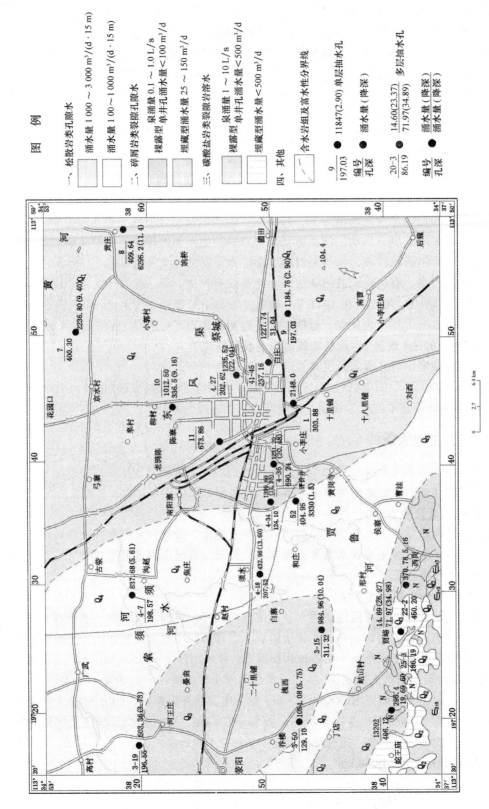

图 1-6　郑州市区域浅层水文地质图

1.3.1.2　埋深 80～350 m 含水层组

　　指埋藏深度 80～350 m 的承压水。含水层顶板埋深 80～100 m，华北水利水电学院一带最深达 150 m；底板埋深西部 220～280 m，东部 300～380 m。顶板隔水层主要为亚黏土或亚砂土、黏土，厚度 10～50 m，底部隔水层以黏土为主，厚度为 20～50 m，最厚达 80 m。该含水层组主要由第四系中上更新统、下更新统、新近系上部岩层组成。含水层岩性为中砂、中细砂、中粗砂，局部为粗砂砾石层，厚度一般为 50～100 m，东部马庄一带厚度较大，最厚达 157 m。富水性差异较大，由西南向东北递增。西南部侯寨南部一带含水层薄，富水性弱，单井涌水量小于 500 m³ / d；中东部、北部，含水层厚度大，富水性强，单井涌水量 2 000 m³ / d 以上；东南部以中部地区为富水或中等富水，单井涌水量 500～2 000 m³ / d。水化学类型以 $HCO_3$—Ca 型为主。该含水组为郑州市主要供水层，已形成区域性降落漏斗，2005 年枯水期 70 m 等水压线闭合线圈定面积为 197.52 km²，范围东起东经济开发区第八大街，西止西绕城公路—西三环连线，南起姚庄—东吴河—黄河科技大学—袁庄—黄岗寺—常庄水库—小址刘，北到花园路、国基路—郑州海洋馆—庙李—冬青街，漏斗中心在陇海路汽车制造厂，水位标高 17.5 m(埋深 94.25 m)。

1.3.1.3　埋深 350～800 m 含水层组

　　指埋藏深度 350～800 m 的承压水。含水层顶板埋深 350～450 m，西部浅、东部深，底板埋深西部 500～700 m，东部 750～800 m。底板隔水层岩性西部为三叠系泥岩，东部为新近系黏土层，厚度 20～40 m。含水层为新近系上新统下段和中新统中上部 10～20 余层微胶结的细砂、中细砂层，厚 115～240 m。单井涌水量 500～3 000 m³ / d(按降深 50 m 计)，水化学类型以 $HCO_3$—Na 型为主，水温 25～39 ℃，为低温温水地热。受开采影响，目前已形成降落漏斗，据 2005 年 8 月份资料，漏斗中心位于郑州市商业储运公司仓库一带，水位埋深 90.40 m，水位标高 4.05 m。

1.3.1.4　埋深 800～1 200 m 含水层组

　　指埋藏深度 800～1 200 m 的承压水，分布于京广铁路以东、陇海铁路以北范围内，主要受老鸦陈断层和须水断层东段控制。含水层岩性为新近系中新统下部半胶结的细砂、中细砂、砂砾石，共有 8～10 层，厚 86～187 m。单井涌水量 300～1 400 m³ / d，柳林—老鸦陈一带富水性较好，陇海铁路东段(东西条带)富水性较差。水化学类型以 $HCO_3$—Na 型为主，水温 40～48 ℃，属温热水地热，为郑州市目前主要地热开采层。受开采影响，目前已形成降落漏斗，据 2005 年 8 月份资料，漏斗中心位于河南省干休所一带，水位埋深 93.24 m，水位标高 -0.04 m。

　　埋深 80 m 以浅的地下水以大气降水为主要补给源，其次为灌溉回渗、地表水体渗漏补给，径流由西南向东北方向，开采、越流为其主要排泄方式；埋深 80～350 m 的地下水补给来源为上游径流补给及浅层水的越流补给，径流方向为西南—东北向，开采为其主要排泄方式；埋深 800 m 以深的地下水补给来源为上游侧向径流补给，总体由西南向东北方向径流，主要排泄方式为开采。

### 1.3.2　碎屑岩类孔隙裂隙水

　　埋藏于西南黄土塬区，含水岩性为三叠系、二叠系、石炭系砂岩、砂质页岩等，裂隙、孔隙发育较差，补给、径流条件差，富水程度差，单井涌水量一般小于 $100 \, m^3 / d$。

在郑州市区平原地带，该地下水埋藏深度大。据河南省高速公路管理局钻孔资料，三叠系顶板埋藏深度达 798 m，其岩性以砂岩为主，揭露厚度达 2 000 m，在深度 1 800 ~ 2 650 m 段细砂岩作为含水层，井口水温 65 ℃，孔内 2 300 m 实测温度 86.5 ℃。单井涌水量 $257 \, m^3 / d$(按降深 30 m 计算)，水化学类型为 $SO_4$—Na 型，矿化度 3.4 g / L。目前在平原区开采该层地下水的单位仅河南省高速公路管理局一家。

### 1.3.3 碳酸盐岩类裂隙岩溶水

分布于西南三李一带，含水岩层为寒武系、奥陶系灰岩等，裂隙岩溶发育不均，富水性差异较大，单井涌水量 300 ~ 1 500 $m^3 / d$。水化学类型为 $HCO_3 \cdot SO_4$—Ca 型，矿化度小于 0.5 g / L。20 世纪 80 年代初，出露泉水水温 26 ~ 38 ℃。目前，出露的泉水已全部消失，地下水位埋藏深度 46 ~ 110 m。

# 第 2 章　郑州地热类型与特征

## 2.1　地热资源类型

根据地热资源形成与控制其分布的主要地质条件，我国地热系统有火山—岩浆岩型、断裂深循环型(对流型)和沉积盆地型(传导型)三种类型。

根据载热流体赋存空间的不同，热储一般分为层状热储和带状热储。层状热储指具有有效空隙度和渗透性的岩层、岩体构成的热储，具有地层或岩体分布面积较大、地层倾角较缓、地层沉积厚度大的特点，供热源是大地热流，分布于沉积盆地。带状热储具有有效空隙度和渗透性的构造带，如断裂破碎带或裂隙带构成的热储，一般具有倾角陡、平面上呈条带状延伸、常具有地温异常的特点，分布于隆起山地或山前地带。

郑州地热田位于郑州—开封沉积盆地埋藏型地热田的西南部，是由新生界盖层、新生界热储层、中生界热储层、古生界热储层、前震旦系热储层构成的地热系统。根据地热形成的地质条件，郑州市区热储类型以沉积盆地型为主，热储分布于尖岗断层东北，面积较大，又据热储岩性、结构、埋藏深度及控制地热的构造，划分为第一热储层和第二热储层；其次为断裂型，热储分布在尖岗断层西南，呈条带状分布，面积较小(见图 2-1)。

## 2.2　地热地质特征

### 2.2.1　热储特征

#### 2.2.1.1　断裂型热储

分布于尖岗断层西南，在郑州市区西南三李一带，从西南向东北，该热储埋藏深度逐渐加大，至尖岗断层达 1 960 m。热储层岩性为奥陶系、寒武系灰岩，厚度 600 ~ 1 200 m，盖层以页岩、泥岩为主。渗透系数 0.28 ~ 0.58 m / d，平均 0.43 m / d；导水系数 21.97 ~ 45.63 m² / d，平均 34 m² / d。井口温度一般为 27 ~ 42 ℃。

目前，三李一带温泉群已消失。温泉群的消失，一方面与市区强烈开采深层、超深层水有关，另一方面与当地开采煤矿有很大关系。在三李一带有 4 座小型煤矿，开采深度在 170 ~ 230 m，煤矿大量疏干地下水，导致三李一带地下水位大幅下降，造成三李一带温泉群消失。这一带地下热水位埋藏深 46 ~ 110 m。三李村北农业示范园内地热井井深 325 m，静水位埋藏深 110 m，涌水量 40 m³ / h，水温 42 ℃。地下热水的水化学类型为 $HCO_3 \cdot SO_4$—Ca 型，矿化度为 0.82 g / L。

#### 2.2.1.2　沉积盆地型热储

分布于尖岗断层东北部，埋藏深度大于 350 m，热储温度 25 ~ 48 ℃，热储岩性为新近系砂层。

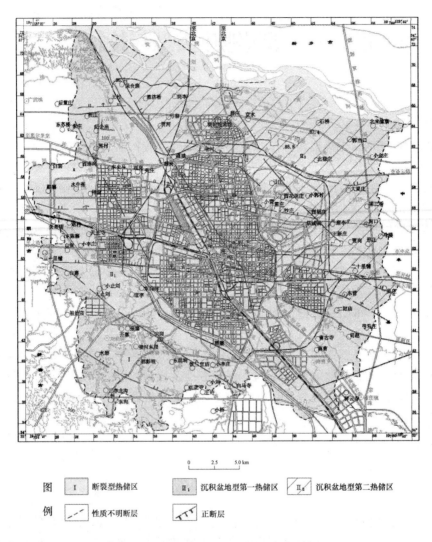

图　例
| I 断裂型热储区 | II₁ 沉积盆地型第一热储区 | II₂ 沉积盆地型第二热储区 |
| 性质不明断层 | 正断层 |

0　　2.5　　5.0 km

**图 2-1　郑州市热储分布图**

### 2.2.1.2.1　第一热储层

(1)热储特征。

主要分布于刘胡垌、侯寨至小刘一线以北的广大地区，即分布于尖岗断裂东北。热储层主要为新近系上新统(明化镇组)下段和中新统(馆陶组)上、中段湖积地层，其顶板埋深一般在 350～450 m，底板埋深 500～800 m。盖层为上部第四系及新近系黏性土层。热储层岩性以中细砂为主，共有 11～23 层之多，下部微胶结，总厚度为 24.3～226.3 m，平均厚 155.3 m。渗透系数为 0.49～2.64 m／d，平均为 1.456 m／d；导水系数为 35.2～273 m²／d，平均为 141 m²／d；平均压力传导系数为 4.1×10⁴ m²／d；弹性释水系数为 3×10⁻⁷～3.8×10⁻³，平均为 3.44×10⁻³；单位涌水量为 1～3 m³／(h·m)。一般井口水温为 25～39 ℃。水化学类型主要为 HCO₃—Na 型、HCO₃·SO₄—Na 型、HCO₃—Ca 型，矿化度 500~700 mg／L，pH 值为 7.2~8.56，$H_2SiO_3$ 含量为 25.99~45.06 mg／L，Sr 含量为 0.21~1.03 mg／L。

该热储层在空间分布、埋藏深度、岩性特征、厚度等方面，表现为不同层位，其热储厚度、热储岩性都有所变化，具体变化如下所述。

①埋深为 345~550 m 的热储层，岩性为新近系明化镇组下段的细砂、粉细砂、中细砂及中粗砂，区内共有 5~7 层，厚度 55.3~139.4 m。须水、齐礼阎、十里铺以南地区较薄，向北逐渐增厚。单层厚度 16~47.3 m，最厚 62.5 m，最薄仅 3.5 m。

②埋藏深度为 534~675 m 的热储层，岩性为新近系馆陶组上段的中细砂、中粗砂、粗砂和细砂，而在老鸦陈断层以西为馆陶组的中细砂，区内有 3~6 层，总厚度一般为 34.4~51.5 m，但在空军医院至市政府一带厚度达 104 m 之多。单层厚 10~26.8 m，最厚可达 47.3 m，最薄为 5.5 m。本层在区内的绝大部分地区均有分布，东部、北部厚度大，向西部和南部厚度变薄，在刘胡垌、十八里河以南地区缺失。

③埋藏在 660~800 m 深度内的热储层，岩性为新近系馆陶组中段的中细砂、细砂和粉细砂，区内共有 4~5 层，总厚度 26~49.7 m。单层厚 8~16 m，最大厚度为 23 m，最小厚度仅为 3.5 m。分布于上街断层以北、老鸦陈断层以东。须水断层以南厚度变薄，在刘胡垌、十八里河以南没有沉积。

(2)富水程度。

按井径 0.3 m，统一降深 50 m 换算的单井涌水量，该热储层富水程度划分为强富水区、富水区、中等富水区和弱富水区，富水程度分区见图 2-2。

①强富水区，分布于须水、沟赵、古荥、毛庄、花园口、姚桥、祭城、圃田、南曹、十八里河镇人民政府一带，面积 753.75 $km^2$。热储层顶板埋深 300~400 m，岩性在南部和西北部颗粒较粗，为粗砂、中粗砂和中细砂，局部为小砾石，其他地区均以中细砂为主，部分为细砂。区内共有 7~11 层，总厚 86.16~140 m。单层最大厚度为 33 m，最小厚度仅 3 m。实测抽水量为 55.74~128 $m^3$／h 时，降深 9.3~32 m，换算成单井涌水量为 2 880~7 354 $m^3$／d。

②富水区，分布于柳林—市政协、冉屯—中原区政府、航海路中路—东路一带，面积 96.0 $km^2$。含水层顶板埋深 348~529.3 m，含水层岩性以中细砂为主，西部和东北部含小砾石，局部为细砂，共有 7~9 层，总厚度为 80~101.8 m，单层最大厚度为 42.5 m，最小厚为 3 m。实测抽水量 30.7~70 $m^3$／h 时，降深 12.83~33.65 m，换算成单井涌水量为 1 069.8~1 848.5 $m^3$／d。

③中等富水区，分布于郑州市人民政府、二七广场、紫荆山公园、省政协—霍庄、凤凰台、燕庄、崔庄一带，面积 31.2 $km^2$。含水层顶板埋深 403~539.45 m，岩性为中细砂和细砂，共有 6~9 层，总厚 72.1~100 m。单层最大厚度 53 m，最小厚度 3 m。实测抽水量 36.31~53 $m^3$／h 时，降深 31.86~65.73 m，换算成单井涌水量为 564.7~930.7 $m^3$／d。

④弱富水区，分布于京广路与陇海路交叉口以南，市照相机总厂及郑尉路附近，面积 5.4 $km^2$。含水层岩性为中细砂和细砂，半胶结状，共有 8 层，总厚度 66.6~76.9 m，单层最大厚度 18.6 m，最小厚度 4 m。实测抽水量 21~31.9 $m^3$／h 时，降深 60~103 m，

换算成单井涌水量为 109.5 ~ 447.9 m³ / d。

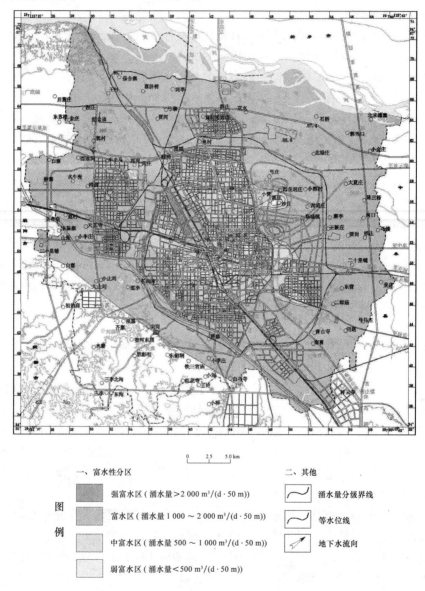

图
例

一、富水性分区

- 强富水区（涌水量 > 2 000 m³/(d·50 m)）
- 富水区（涌水量 1 000 ~ 2 000 m³/(d·50 m)）
- 中富水区（涌水量 500 ~ 1 000 m³/(d·50 m)）
- 弱富水区（涌水量 < 500 m³/(d·50 m)）

二、其他

- 涌水量分级界线
- 等水位线
- 地下水流向

**图 2-2　沉积盆地型第一热储层水文地质图**

### 2.2.1.2.2　第二热储层

该热储是指埋藏深度在 800 ~ 1 200 m 以内，井口水温 40 ~ 48 ℃ 的新近系热储。由于受地质构造的严格控制，该热储层主要分布在老鸦陈断层以东和须水层以北地区。总面积 423.41 km²。

(1)热储特征。

该热储组的埋藏深度为 800 ~ 1 200 m。热储层为新近系馆陶组下段湖相沉积物，岩性以细砂、中细砂为主，夹有粉细砂层。多由钙质胶结或半胶结，呈半成岩状态，顶板埋深 807.6 ~ 943.5 m，局部小于 800 m。共 8 ~ 10 层，单层厚 14 ~ 18 m，最厚可达 67.82 m，最薄的仅有 3.5 m，总厚度为 86 ~ 187 m。导水系数为 17.32 ~ 33.0 $m^2$ / d，平均为 25 $m^2$ / d；压力传导系数平均为 $2.78 \times 10^4$ $m^2$ / d；弹性释水系数平均为 $8.99 \times 10^{-4}$；单位涌水量一般小于 1.0 $m^3$ / (h·m)，多数为 0.5 $m^3$ / (h·m)，局部(老鸦陈—柳林一带)大于 1.0 $m^3$ / (h·m)。井口水温 40 ~ 48 ℃。水化学类型主要为 $HCO_3$—Na 型，个别为 $HCO_3 \cdot SO_4$—Na 型，矿化度为 600 ~ 900 mg / L，最高可达 1 281 mg / L，pH 值为 7.4 ~ 8.3，$H_2SiO_3$ 含量为 25 ~ 30 mg / L，Sr 含量为 0.2 ~ 0.3 mg / L。盖层为新近系明化镇组、馆陶组中上段黏土层、各级别砂层和第四系亚黏土、砂层。

(2)富水程度。

按井径 0.3 m，统一降深 30 m 换算的单井涌水量，该热储层组富水程度划分为富水区、中等富水区和弱富水区，富水程度分区见图 2-3。

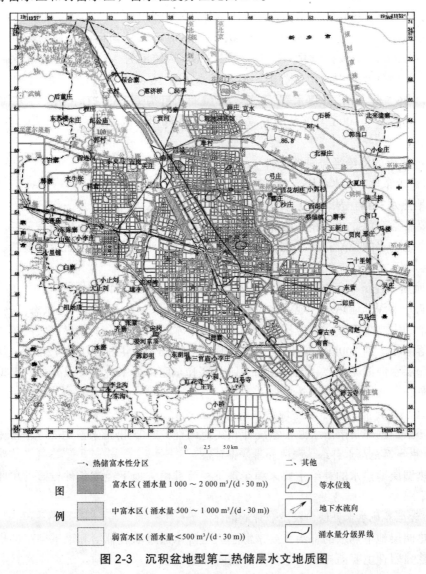

图 2-3　沉积盆地型第二热储层水文地质图

①富水区，仅分布于老鸦陈一带，面积 0.93 km²。含水层组顶板埋深 774 ~ 800 m，岩性为中细砂、细砂、粉细砂，共有 8 ~ 9 层，单层最大厚度为 47.8 m，最小厚度为 5 m，总厚度为 97.5 ~ 104.3 m。实测抽水量为 58.0 ~ 66.42 m³ / h 时，降深 24.07 ~ 33.9 m，换算成单井涌水量为 1 296 ~ 1 410.6 m³ / d。

②中等富水区，分布于黄河大观、柳林、中州宾馆等地，面积 0.79 km²，含水层组顶板埋深 761.0 ~ 865.0 m，岩性为中细砂、细砂、局部为中粗砂夹砂砾石，共有 6 ~ 8 层，单层最大厚度为 67.82 m，最小厚度为 5.5 m。总厚度为 97.5 ~ 145.8 m。实测抽水量为 46 ~ 56.6 m³ / h 时，降深 32 ~ 46.6 m，换算成单井涌水量为 720 ~ 836 m³ / d。

③弱富水区，该区是超深层热储的主要分布区，面积 421.69 km²。含水层组岩性为中细砂、细砂、中粗砂、粉细砂，局部含小砾石，共有 6 ~ 8 层，局部达 10 层之多，单层最大厚度为 37 m，最小厚度为 2.5 m。总厚度为 83.35 ~ 117.6 m。实测抽水量为 10.7 ~ 40.8 m³ / h，降深 28.8 ~ 132.6 m，换算成单井涌水量为 138.7 ~ 468 m³ / d。

此外，工作区揭露中生界热储层厚度较大的钻孔只有河南省高速公路管理局钻孔 (孔深 2 763.66 m)。该孔成井深度为 2 763.6 m，热储层为 1 800 ~ 2 650 m 深的三叠系细砂岩、粉砂岩及其中的构造裂隙。该井自流量为 10 m³ / h，自流温度为 51 ℃；单井涌水量为 36.5 m³ / h，井口水温 62 ℃，单位涌水量为 0.3 m³ / (h·m)。三叠系热储层地温梯度为 3 ℃ / 100 m。该井的开发利用为未来郑州市区开采利用深部砂岩层热水提供了借鉴。

### 2.2.2　地热水的补给径流排泄条件

#### 2.2.2.1　新近系地下热水补给、径流和排泄条件

(1)地热水补给　从同位素方法研究可知，西南山区大气降水是工作区新近系地下热水的主要补给来源。在工作区西北部吕谢洞、岭军峪、古荥镇至东史马一带，均接受邻区超深层地下水的径流补给，也是本区的主要补给来源。东南部小店以东地带，接受南部超深层地下水的径流补给。

(2)地热水径流　天然条件下，地热水径流由西向东或由西南向东北。在 20 世纪 80 年代中期开采深部地热水，地下水位高出地表 10 余米，处于承压自流状态。20 世纪 90 年代以来的大规模开发，导致深层和超深层地下水位持续下降，已形成大面积的地下水水位降落漏斗，到 2005 年漏斗中心水位埋深 93.24 m，漏斗面积已达 72 km²，从而使漏斗周边深层水向漏斗中心径流。在漏斗区北部和东南部分水岭地带以外的广大地区，地下水向东、东北径流排出区外。

(3)地热水排泄　该热储层地热水的排泄方式有人工开采和径流排泄两种。目前主要是人工开采，据郑州市节水办公室统计和实地调查，2005 年开采量约 238.8 万 m³。

#### 2.2.2.2　中生界地热水补给、径流和排泄条件

该热储层地热水的补给主要来源于地下径流补给，地下径流条件较差，主要消耗于人工开采。

#### 2.2.2.3　古生界地热水补给、径流和排泄条件

该热储层地下热水的补给主要来源于大气降水通过断裂补给和地下径流补给，地下径流交替强烈，主要消耗于人工开采和侧向径流。

### 2.2.3　地热水位动态特征

#### 2.2.3.1　浅层热储地下热水动态特征

浅层热储分部于市区西南部三李—尖岗一带，热储为石炭系、奥陶系、寒武系碳酸岩。该区碳酸岩盐类岩石岩溶裂隙发育，为地下热水的储存准备了良好的场所。断裂构造发育，为地下水深循环提供了通道。在三李梨园河谷和下李河河谷中，分布有温泉群。三李温泉水温为 27 ~ 38 ℃，最大泉流量为 11.238 L/s。由于市区大量开发地下热水，特别是附近煤矿开采大量疏干矿坑水，致使三李温泉群早已断流，且距温泉最近不足 1 km 的三李村内民井地下热水位埋深已超过 80 m。

从三李村中地热井 1994 ~ 2003 年多年观测资料分析，水位埋深 1994 年为 83.28 m(年平均，后同)，2003 年下降至 85 m，年平均下降 0.172 m。最大年降幅为 3.44 m，最小降幅为 2.83 m(见图 2-4)。由此可知，水位下降主要受控于煤矿疏干水量，由于该处煤矿属于小型开采，疏干排水量变化不大，致使该井平均水位埋深稳定在 83 ~ 85 m 之间。

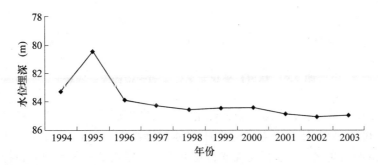

**图 2-4　三李地热井多年平均水位埋深过程线**

从该井多年动态监测资料分析，以 1995 年监测资料为例(见图 2-5)，1 ~ 3 月份地下水水位埋深 76.18 ~ 77.71 m，4 ~ 12 月份地下热水水位埋深 80.45 ~ 82.58 m，可是该井参与补给三李附近，而降水集中的 7 ~ 10 月份，地下水位从 81.05 m 下降至 82.53 m，降水入渗对地下水位变化影响甚微，属典型的开采型水位变化特征。

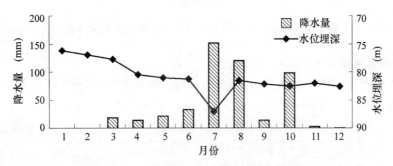

**图 2-5　三李地热井 1995 年水位埋深过程线**

#### 2.2.3.2　深层热储地下热水水位动态特征

埋深 350 ~ 800 m 的深层热储，多年来地下水位处于连续下降状态。西区热电厂生活区 550 m 深的生产井，1992 ~ 2003 年地下水位由 31.37 m 下降至 84.76 m，平均年降幅为 4.45 m。其中最小年变幅 0.86 m，最大年变幅 11.03 m。由于市内采用限采措施，2004 年比 2003 年水位上升 9.06 m，2005 年比 2004 年水位回升 7.89 m(见图 2-6)。处于开采集中区的郑州铁路局生活服务中心的深井(深 808.3 m)，地下水位由 1995 年的 18.61 m 至 2000 年下降至 90.47 m，9 年下降 71.86 m，平均年降幅 7.98 m。限采后，2004 年比 2003 年水位回升 7.07 m，2005 年比 2004 年水位回升 1.65 m。地处建成区东部位于郑汴路边的开封机电公司深井(深 801.0 m)，1999 年水位埋深 36.28 m，2003 年水位埋深 37.0 m，5 年内下降 0.72 m，平均年降幅仅 0.144 m。从而可知，建成区大量开采深层地下热水，使水位逐年下降，限采可使水位明显回升，非建成区由于开采量小，水位变化甚微，具有较大的开发潜力。

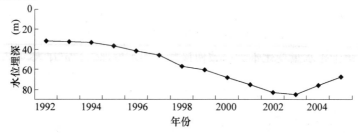

图 2-6　热电厂地热井多年平均水位埋深过程线

从水位年内变化分析，以地处西部热电厂生活区深层开采井(见图 2-7)资料看，枯水期(4 月份)水位埋深 91.55 m，丰水期(8 月份)水位埋深 93.05 m。可见年内水位变化主要受控于开采量增减变化，丰水期反而水位持续下降，属典型的开采型动态特征。

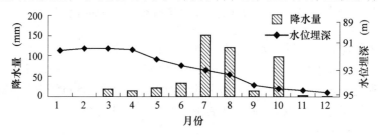

图 2-7　热电厂生活区地热井 1995 年水位埋深过程线

#### 2.2.3.3　超深层热储地下热水水位动态特征

河南省冶金厅招待所地热井，井深 1 010.6 m，地下水位由 1991 年的 18.04 m 到 2002 年下降至 47.63 m，年平均降幅 2.69 m(见图 2-8)。华北水利水电学院地热井深 1 012.5 m，

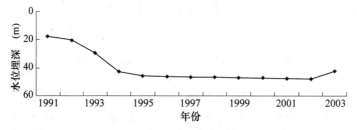

图 2-8　冶金厅招待所地热井多年平均水位埋深过程线图

1999 年水位埋深 6.69 m，到 2005 年下降至 51.59 m，7 年内平均每年下降 6.41 m。而处于建成区东部的地热井，井深 1 000.83 m，1995 年水位埋深 35.93 m，2002 年水位埋深 41.00 m，8 年内平均年降幅 0.63 m。

从水位埋深年内变化特征来看，以华北水利水电学院地热井分析(见图 2-9)，年内最高水位埋深 46.9 m，最大埋深 59.15 m，1～2 月、7～9 月学生放假，用水量少，水位最高，而其他洗浴用水较多的月份，水位下降，可见控制地下水位变化的主要因素是开采量的增减变化，与降水关系不明显，属典型的开采动态特征。中国人民银行地热井 2005 年 1～3 月份开采用水，水位埋深 61.22～63.0 m，5 月份停采后，水位逐月回升，5～12 月份水位埋深由 45.03 m 逐月上升至 42.17 m。可见水位与开采量增减极为密切相关。

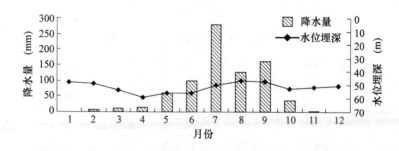

图 2-9　华北水利水电学院地热井 2005 年水位埋深过程线

## 2.3　热储层温度分布

主要论述新生界沉积盆地热储温度。该热储层热异常不明显，地温梯度变化很小。

### 2.3.1　恒温带的确定

据郑州地区地热勘查工作简报，采用实测 32 眼民井 5～10 m 之间不同深度的水温资料，运用相关分析法，计算得出郑州市区恒温带深度为 27.36 m，恒温带温度为 17.02 ℃，全年温度变化不超过 0.5 ℃。最后选用郑州市区恒温带深度为 27 m，恒温带温度为 17 ℃。

### 2.3.2　地温梯度

如前所述，郑州市区的热储类型主要为新生代沉积盆地型，据对深层、超深层地下水井的测温情况分析，总体规律都是温度随深度增加逐渐递增，未发现明显的异常地段。对 350～1 200 m 深度范围内增温梯度计算时，采用井口温度、热储层厚度进行，一般在 2.6～3.5 ℃／100 m，平均在 3 ℃／100 m 左右，属于正常自然增温率的范围(见图 2-10)。深层热储地温梯度为 2.5～3.5 ℃／100 m，超深层热储地温梯度为 2.7～3.6 ℃／100 m。符合华北盆地南部地热增温率变化范围及温度随深度增加逐渐递增的规律(见图 2-11)。

对市区 100 多眼地热井分析，市区大部分新生界热储埋藏较深，以新近系中、下部为主，热储厚度较大，层位相对稳定，分布面积较广，市区范围都可就地开采，西南部热储埋藏较浅，厚度较薄，各热储层的温度均小于 60 ℃，属低温地热资源。

西南部郑热 2 孔试验段 604～655 m，含水层厚 19 m，单位涌水量 1.36 m³／(h·m)，水温 34.8 ℃。

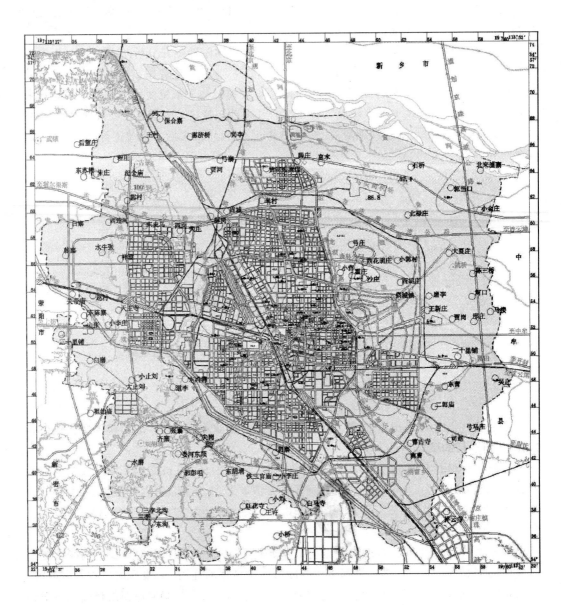

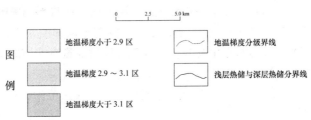

0　　　2.5　　　5.0 km

图
例

地温梯度小于 2.9 区

地温梯度 2.9～3.1 区

地温梯度大于 3.1 区

地温梯度分级界线

浅层热储与深层热储分界线

**图 2-10　郑州市区埋深 350～1 200 m 地温梯度**

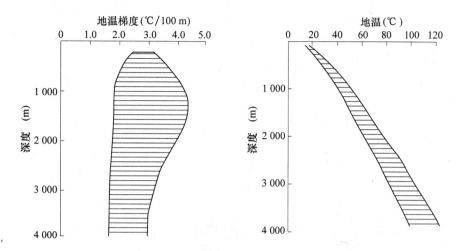

图 2-11(a)　华北盆地南部地温梯度—深度图　　图 2-11(b)　华北盆地南部地温—深度图

市区东和东北一带，自 500 ~ 830 m 之间，共有三个含水层组。①500 ~ 650 m 段，主要含水层岩性为中砂和中粗砂。含水层厚 44 m，单层厚 6 ~ 9 m，砂层占 30%，物探测温 31 ~ 34 ℃。②650 ~ 700 m 段，主要含水层岩性为细砂、中砂和中粗砂。含水层厚 39 m，单层厚 4 ~ 10 m，砂层占 63%，物探测温 31 ~ 34 ℃。③700 ~ 830 m 段，主要含水层岩性为细砂、中砂和卵石。含水层厚 54 m，单层厚 5 ~ 15 m，砂卵石 11 m 厚，砂层占 41%，物探测温 35 ~ 38.5 ℃。

郑热 3 孔 832 ~ 864 m 段、871 ~ 901 m 段，共有近 60 m 厚的细中砂和砂卵石层。砂卵石单层厚 7 ~ 18 m，导水性能较好，视电阻率高，自然电位呈大幅度的异常。该孔试验段 871.5 ~ 901 m 的抽水试验结果为，涌水量 30 t/h、井底水温 42 ℃、井口水温 42 ℃。

### 2.3.3　深部热储温度推断

(1)地球化学温标计算方法　根据该方法，结合开采井的水化学分析资料，确定出各热储温度。经对比说明 350 ~ 800 m、800 ~ 1 200 m 热储层温度符合区域规律。

(2)地温梯度推断法　即根据地质情况，利用热储上部的地温梯度推算深部热储温度。

计算公式为

$$t = (d - h) \times \Delta t / \Delta h + t_0$$

式中　　$t$——热储温度，℃；

　　　　$d$——热储埋藏深度，m；

　　　　$h$——常温带埋藏深度，m；

　　　　$\Delta t / \Delta h$——地温梯度，℃/m；

　　　　$t_0$——常温带温度，℃。

据对市区 150 眼地热井进行计算得埋藏深度 500 m、800 m、1 200 m 处热储温度。见图 2-12(a)、2-12(b)、2-12(c)。

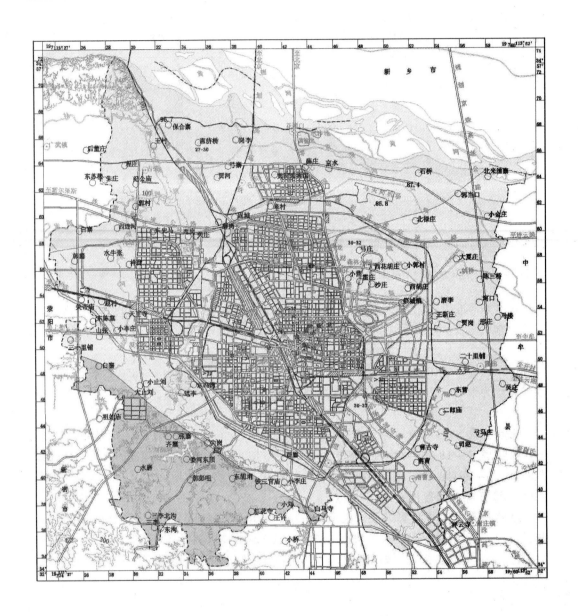

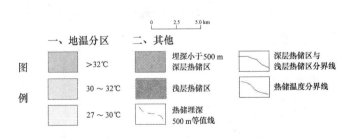

**图 2-12(a)　郑州市区埋深 500 m 地温分区图**

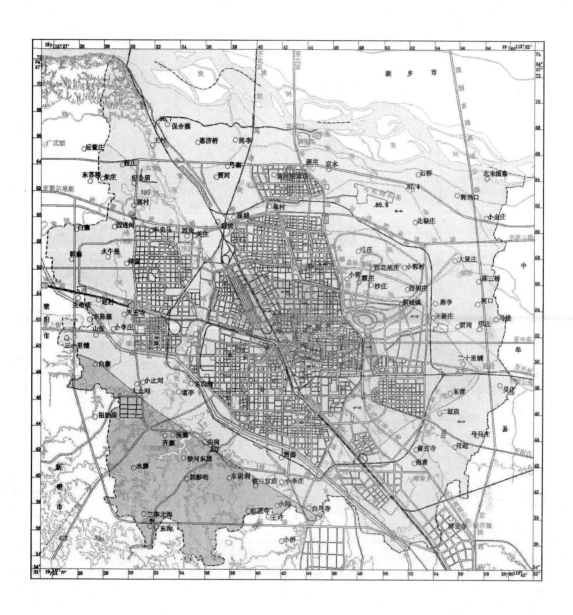

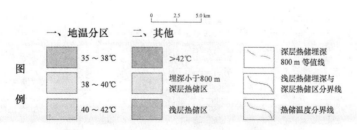

图 2-12(b)  郑州市区埋深 800 m 地温分区图

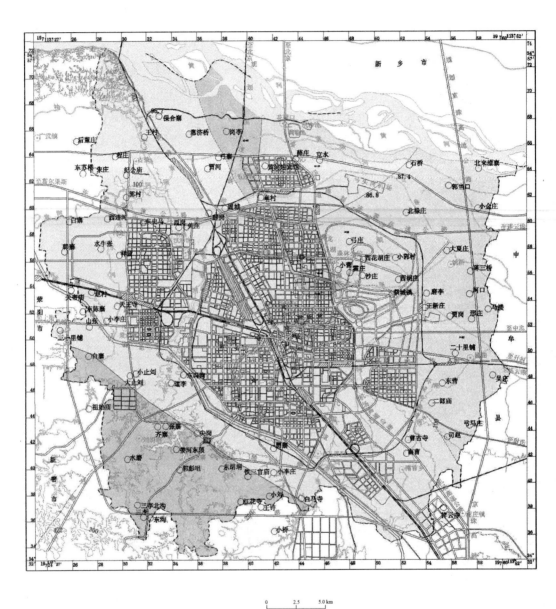

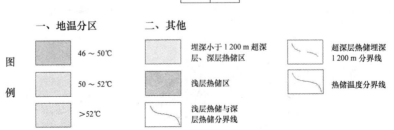

图 2-12(c)　郑州市区埋深 1 200 m 地温分区图

# 第 3 章　地球物理勘查

地球物理勘查方法是地热资源勘查的重要手段，也是前期论证必不可少的技术方法。目前常用的地球物理勘查方法有电法、重力、磁法、地震等。在郑州地热前期勘探主要采用超长电磁波探测、重力测量、地面电法测量、人工地震测量和航磁测量等方法，结合地质和水文地质学理论对地热基底起伏(凸起和凹陷)、断裂构造的空间展布和热储层的埋藏情况进行确定。

《地热资源地质勘查规范》(GB11615—1989)对地球物理勘查技术和质量做了如下要求。

(1)地球物理调查是地热资源勘查工作中的重要组成部分，一般应在普查阶段进行，详查阶段要在普查的基础上，对有希望的地区进行补充工作，主要查明以下问题。①圈定地热异常范围和热储体的空间分布；②确定地热田的基底起伏及隐伏断裂的空间展布；③圈定隐伏火成岩体和岩浆房位置；④圈定地热蚀变带。

(2)根据地热田的地质条件和被探测体的物性特征选用物探方法。一般利用地温勘探圈定地热异常区；利用重力法确定地热田基底起伏(凸起和凹陷)及断裂构造的空间展布；利用磁法确定水热蚀变带位置和隐伏火成岩体的分布、厚度及其与断裂带的关系；利用电法、$\alpha$卡、$210P_0$ 法圈定热异常和确定热储体的范围及深度；利用人工地震法较准确地测定断裂位置、产状和热储结构；利用磁大地电流法确定高温地热田的岩浆房及热储位置和规模；利用微地震法测定活动断裂带。

(3)地球物理调查比例尺应与地面测绘比例尺一致。对获得的物探资料，应结合地热地质条件、地热流体特征进行分析，提出综合解译成果，作为勘探井的布置依据。

## 3.1　超长电磁波

针对郑州情况共测量三个剖面，第一条近东西向，西起三十里铺，东至河口村，长 34 km；第二条为北东向，西南起于关帝庙咀村，北东至张李洞村，长 6.25 km；第三条为北东向，西南起于三李村，北东至张桥村，长 37.5 km。测深均为 2 000 m。

### 3.1.1　主要地质界面解释

研究表明，岩石的物性特征变化是引起超长波曲线形态特征变化的主要因素。岩石的致密与疏松、完整与破碎、成岩及胶结程度的高低、富水性的差异，都会引起曲线形态特征的一系列相应变化。测区主要地层(由新到老)为：第四系(Q)、新近系(N)、三叠系(T)、二叠系(P)、石炭系(C)、奥陶系(O)、寒武系($\in$)、元古界(Pt)、太古界(Ar)。以前在相关地区所做大量已知钻孔旁超长波曲线对比分析研究表明：一是二叠系(P)和石炭系(C)地层均以碎屑岩为主，曲线特征较接近，不易细分，故合并为一个岩性段解释，同样奥陶系(O)和寒武系($\in$)均以碳酸盐岩为主，在曲线地质解释中也合并为一个岩性段；二是测区各主要岩性段在超长波曲线形态特征上均有一系列相应变化，这就为超长波在郑州市区进行地热地质勘查提供了地球物理前提。在测区已知钻孔旁进行超长波曲线特征分析，就可建立本测区主要岩性段的曲线解释标志。①选择基岩埋深较浅的测区西南三李村附近 **ZK12–4** 钻孔(资料来源于 1∶50 万《河南省基岩地质图》)附近进行，该钻孔地质剖面和附近超长波 $Z_{52}$ 测点曲线地质解释如图 3-1 所示；②选择基岩埋深较大的测区中部河南省高速公路管理局钻孔旁进行，该钻孔地质剖面及其附近 $Z_{64}$ 测点超长波曲线地质解释如图 3-2 所示。通过对比分析认为：两钻孔附近超长波曲线地质解释结果与已知钻孔地质剖面比较吻合，其探测曲线可作为研究区内主要岩性段地质解释的标志曲线。研究区内工业电网纵横交错，各测点距电磁干扰源的方位和距离不同，所受干扰程度各不相同，造成部分曲线形态不同程度畸变。所以在曲线地质解释过程中，应具体分析各种干扰对曲线造成的不良影响，不应刻意追求每一条所测曲线与解释标志曲线形态特征完全一致，而应结合已有地质资料，由已知到未知，去伪存真，仔细分析各种交变电磁干扰信号及场源信号自身变化在曲线上的不同反映特征。测区 A–A′、B–B′和 C–C′三条测线主要地质界面埋深解释结果如表 3-1、图 3-3、图 3-4、图 3-5 所示，测区由西向东，第

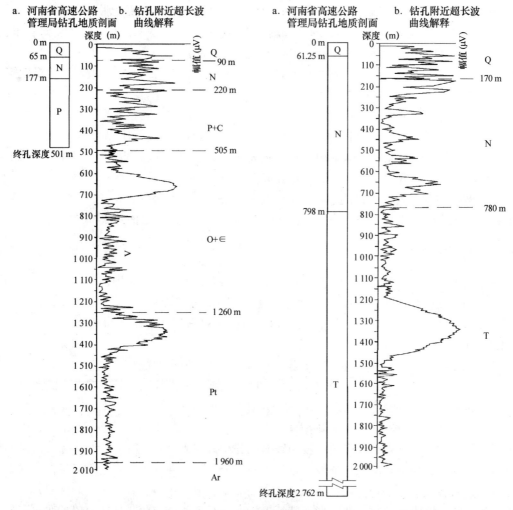

**图 3-1　$Z_{52}$ 点超长电磁波曲线解释**　　　**图 3-2　$Z_{64}$ 点超长电磁波曲线解释**

表 3-1　超长波地层结构解释一览表　　　　　　(单位：m)

| 地　层 | | Q | N | T | P+C | O+∈ | Pt | Ar |
|---|---|---|---|---|---|---|---|---|
| | $Z_1$ | 80 | 280 | >2 000 | | | | |
| | $Z_2$ | 100 | 320 | >2 000 | | | | |
| | $Z_3$ | 120 | 360 | >2 000 | | | | |
| | $Z_4$ | 120 | 400 | >2 000 | | | | |
| | $Z_5$ | 140 | 410 | >2 000 | | | | |
| | $Z_6$ | 140 | 420 | >2 000 | | | | |
| | $Z_7$ | 150 | 460 | >2 000 | | | | |
| | $Z_8$ | 170 | 500 | >2 000 | | | | |
| | $Z_9$ | 170 | 520 | >2 000 | | | | |
| | $Z_{10}$ | 160 | 540 | >2 000 | | | | |
| | $Z_{11}$ | 150 | 590 | >2 000 | | | | |
| | $Z_{12}$ | 200 | 590 | >2 000 | | | | |
| | $Z_{13}$ | 190 | 780 | >2 000 | | | | |
| | $Z_{14}$ | 210 | 820 | >2 000 | | | | |
| | $Z_{15}$ | 190 | 860 | >2 000 | | | | |
| | $Z_{16}$ | 190 | 880 | >2 000 | | | | |
| | $Z_{17}$ | 195 | 900 | >2 000 | | | | |
| $A-A'$ 测线 | $Z_{18}$ | 180 | 910 | >2 000 | | | | |
| | $Z_{19}$ | 180 | 920 | >2 000 | | | | |
| | $Z_{20}$ | 220 | 1 020 | >2 000 | | | | |
| | $Z_{21}$ | 220 | 1 000 | >2 000 | | | | |
| | $Z_{22}$ | 200 | 1 020 | >2 000 | | | | |
| | $Z_{23}$ | 200 | 1 020 | >2 000 | | | | |
| | $Z_{24}$ | 220 | 1 080 | >2 000 | | | | |
| | $Z_{25}$ | 220 | 1 060 | >2 000 | | | | |
| | $Z_{26}$ | 220 | 1 060 | >2 000 | | | | |
| | $Z_{27}$ | 210 | 1 070 | >2 000 | | | | |
| | $Z_{28}$ | 210 | 1 090 | >2 000 | | | | |
| | $Z_{29}$ | 200 | 1 085 | >2 000 | | | | |
| | $Z_{30}$ | 210 | 1 095 | >2 000 | | | | |
| | $Z_{31}$ | 210 | 1 540 | >2 000 | | | | |
| | $Z_{32}$ | 210 | 1 540 | >2 000 | | | | |
| | $Z_{33}$ | 220 | 1 560 | >2 000 | | | | |
| | $Z_{34}$ | 210 | 1 600 | >2 000 | | | | |
| | $Z_{35}$ | 210 | 1 660 | >2 000 | | | | |
| | $Z_{36}$ | 210 | 1 690 | >2 000 | | | | |

续表 3-1

| 地　层 | | Q | N | T | P+C | O+∈ | Pt | Ar |
|---|---|---|---|---|---|---|---|---|
| *B–B′*测线 | $Z_{37}$ | 40 | 60 | | 160 | 840 | 1 540 | >2 000 |
| | $Z_{38}$ | 50 | 100 | | 240 | 940 | 1 600 | >2 000 |
| | $Z_{39}$ | 60 | 120 | | 380 | 1 000 | 1 640 | >2 000 |
| | $Z_{40}$ | 80 | 140 | | 390 | 1 220 | 1 880 | >2 000 |
| | $Z_{41}$ | 80 | 170 | | 440 | 1 340 | >2 000 | |
| | $Z_{42}$ | 100 | 220 | | 480 | 1 440 | >2 000 | |
| | $Z_{43}$ | 120 | 280 | | 600 | 1 560 | >2 000 | |
| | $Z_{44}$ | 130 | 300 | | 620 | 1 860 | >2 000 | |
| | $Z_{45}$ | 140 | 320 | | 700 | 1 960 | >2 000 | |
| | $Z_{46}$ | 160 | 340 | | 740 | >2 000 | | |
| *C–C′*测线 | $Z_{47}$ | 30 | | | 140 | 740 | 1 460 | >2 000 |
| | $Z_{48}$ | 40 | 80 | | 200 | 840 | 1 520 | >2 000 |
| | $Z_{49}$ | 50 | 120 | | 400 | 1 080 | 1 600 | >2 000 |
| | $Z_{50}$ | 70 | 160 | | 420 | 1 140 | 1 780 | >2 000 |
| | $Z_{51}$ | 70 | 200 | | 460 | 1 200 | 1 840 | >2 000 |
| | $Z_{52}$ | 90 | 220 | | 505 | 1 260 | 1 960 | >2 000 |
| | $Z_{53}$ | 80 | 230 | | 520 | 1 300 | >2 000 | |
| | $Z_{54}$ | 100 | 270 | | 780 | 1 400 | >2 000 | |
| | $Z_{55}$ | 100 | 280 | | 800 | 1 580 | >2 000 | |
| | $Z_{56}$ | 120 | 320 | | 860 | 1 620 | >2 000 | |
| | $Z_{57}$ | 120 | 370 | | 920 | 1 700 | >2 000 | |
| | $Z_{58}$ | 140 | 440 | | | 1 800 | >2 000 | |
| | $Z_{59}$ | 150 | 460 | >2 000 | | | | |
| | $Z_{60}$ | 160 | 480 | >2 000 | | | | |
| | $Z_{61}$ | 160 | 540 | >2 000 | | | | |
| | $Z_{62}$ | 160 | 580 | >2 000 | | | | |
| | $Z_{63}$ | 170 | 640 | >2 000 | | | | |
| | $Z_{64}$ | 170 | 780 | >2 000 | | | | |
| | $Z_{65}$ | 180 | 800 | >2 000 | | | | |
| | $Z_{66}$ | 180 | 840 | >2 000 | | | | |
| | $Z_{67}$ | 190 | 920 | >2 000 | | | | |
| | $Z_{68}$ | 180 | 930 | >2 000 | | | | |

续表 3-1

| 地　层 | | Q | N | T | P+C | O+∈ | Pt | Ar |
|---|---|---|---|---|---|---|---|---|
| $C–C'$ 测线 | $Z_{69}$ | 220 | 1 000 | >2 000 | | | | |
| | $Z_{70}$ | 220 | 1 020 | >2 000 | | | | |
| | $Z_{71}$ | 230 | 1 060 | >2 000 | | | | |
| | $Z_{72}$ | 220 | 1 110 | >2 000 | | | | |
| | $Z_{73}$ | 200 | 1 250 | >2 000 | | | | |
| | $Z_{74}$ | 200 | 1 250 | >2 000 | | | | |
| | $Z_{75}$ | 190 | 1 250 | >2 000 | | | | |
| | $Z_{76}$ | 200 | 1 250 | >2 000 | | | | |
| | $Z_{77}$ | 210 | 1 360 | >2 000 | | | | |
| | $Z_{78}$ | 210 | 1 900 | >2 000 | | | | |
| | $Z_{79}$ | 210 | 1 900 | >2 000 | | | | |
| | $Z_{80}$ | 200 | 1 900 | >2 000 | | | | |
| | $Z_{81}$ | 200 | 1 900 | >2 000 | | | | |
| | $Z_{82}$ | 210 | 1 920 | >2 000 | | | | |
| | $Z_{83}$ | 220 | 1 940 | >2 000 | | | | |
| | $Z_{84}$ | 240 | >2 000 | | | | | |
| | $Z_{85}$ | 260 | >2 000 | | | | | |
| | $Z_{86}$ | 240 | >2 000 | | | | | |

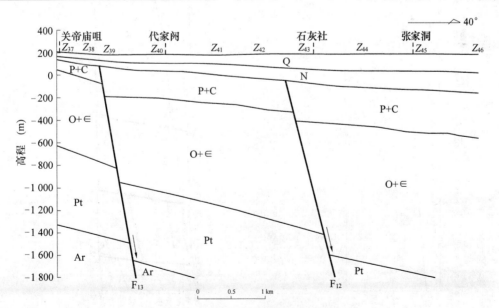

图 3-3　$B–B'$ 超长波解释地质剖面

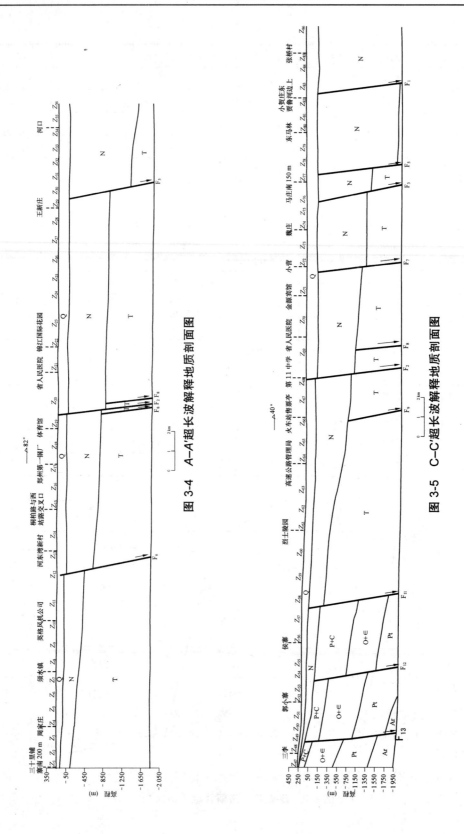

图 3-4 A-A'超长波解释地质剖面图

图 3-5 C-C'超长波解释地质剖面图

四系(Q)地层厚度由 80 m 增大至 210 m,上第三系(N)地层底界埋深由 280 m 增大至 1 690 m, 下伏基岩全为三叠系(T)地层, 底界埋深均大于 2 000 m；测区由西南向北东,第四系(Q)地层厚度由 30 m 增大至 240 m, 新近系(N)地层底界埋深由 60 m 增大至 $Z_{83}$ 测点的 1 940 m, 而在石桥村北东附近的 $Z_{84}$、$Z_{85}$、$Z_{86}$ 三测点(N)底界埋深均大于 2 000 m, 下伏基岩分布分为两类：一类在 $Z_{47} \sim Z_{57}$、$Z_{37} \sim Z_{46}$ 测点处为二叠系和石炭系岩性段(P+C), 其底界埋深由 140 m 增大至 920 m, 奥陶系和寒武系岩性段(O+∈)底界埋深由 740 m 增大至 1 960 m, 元古界(Pt)底界埋深由 1 460 m 增大至大于 2 000 m。二类是在 $Z_{59} \sim Z_{86}$ 测点处下伏基岩为三叠系(T)地层, 其底界埋深均大于 2 000 m。

### 3.1.2　断裂构造解释

断裂构造解释是在地层结构解释基础上进行的, 根据测线上相邻测点解释出的相应各岩性段厚度及埋深变化, 结合已知地质资料, 进行综合分析推断, 通过超长波曲线断裂构造解释, 共解释出断裂 11 条, 各断裂产状解释结果如表 3-2 所示。

表 3-2　超长波断裂构造解释一览表

| 编号 | 名称 | 走向 | 倾向 | 倾角(°) | 性质 | 垂直断距(m) |
|------|------|------|------|---------|------|-------------|
| $F_1$ | | | 北 | 69 | 张性正断层 | 210 |
| $F_5$ | | | 北 | 78 | 张性正断层 | 500 |
| $F_7$ | 中牟断裂 | | 北 | 67 | 张性正断层 | 80 |
| $F_8$ | 上街断裂 | 近东西 | 北 | 70 ~ 72 | 张性正断层 | 60 ~ 100 |
| $F_9$ | 须水断裂 | | 北 | 65 | 张性正断层 | 150 |
| $F_{11}$ | 尖岗断裂 | | 北 | 67 | 张性正断层 | >2 000 |
| $F_{12}$ | 郭小寨断裂 | | 北 | 68 ~ 70 | 张性正断层 | 80 ~ 200 |
| $F_{13}$ | 三李北断裂 | | 南 | 75 ~ 78 | 压性正断层 | 120 ~ 180 |
| $F_2$ | 老鸦陈断裂 | | 北东 | 73 ~ 75 | 张性正断层 | 60 ~ 120 |
| $F_3$ | 花园口断裂 | 北西 | 北东 | 65 | 张性正断层 | 420 |
| $F_6$ | 古荥断层 | | 北东 | 63 | 张性正断层 | 180 |

### 3.1.3　地热异常解释

据区域地质资料, 测区西南为嵩箕穿褶断束、荥巩背斜北翼, 中部为郑州断阶, 北东部属开封凹陷, 超长波断裂构造解释结果说明断裂构造在测区广泛分布, 且相互作用。某些断裂的发育具有一定规模, 在断阶及凹陷内沉积了厚达 1 000 m 以上的松散堆积层, 形成了测区内断裂深循环型和沉积盆地型两种地热田, 相应的热储结构分别为带状热储结构和层状热储结构。

根据大量已知地热井旁超长波探测曲线解释, 热储异常标准曲线划分主要有两个依据：一是曲线幅值的大小, 二是曲线形态的变化特征。具体为曲线幅值在 200 μV 附近或大于 200 μV 时, 异常曲线形态反映特征与正常地层曲线形态反映特征明显不同, 曲线幅值一般较大且幅值的变化幅度也较大, 曲线上下起伏变化均匀, 整体形态平稳, 与正常地层曲线相交处常有突然大幅度上升的特点(这点也是与新生界地层高幅值曲线形态的不同之处)。上述曲线异常形态的出现，一般认为与地下水和地热温度有关，这是地下热储异常的间接反映。但在此需说明一点是，上述曲线热储异常形态特征，仅为标准形态的反映，因为在具体探测中，曲线往往受各种各样的干扰影响，造成热储异常曲线段的形态畸变，所以在做具体解释时，应根据实际地质情况综合分析，使解释结果更符合客观实际。本测区典型热储异常标志曲线解释选择省农科院地热井附近的 $Z_{70}$ 号测点探测曲线进行。该钻孔揭露第四系(Q)厚度为 210 m；上第三系(N)底界埋深为 1 090 m，钻孔揭露该地层底部有赋存地下热水的砂砾岩和中粗砂互层存在；$Z_{70}$ 号测点超长波曲线地质解释结果表明第四系(Q)厚度为 220 m，新近系(N)底界埋深为 1 020 m，曲线反映该地层底部热储异常有两段，埋深分别为 635～690 m 和 805～900 m。需要指出的是，这里所指的热储异常段，其间可能有不含水的泥岩层存在，只不过在此区段上含水的砂砾岩及中粗砂互层较为集中罢了，所以真正的热储异常段厚度要小于超长波解释厚度，超长波解释的基岩热储异常段也具有这种性质。对测区共 86 个测点的超长波探测曲线进行热储异常段划分，解释结果如表 3-3 所示。

表 3-3　超长波热储异常段解释参数一览表

| 测点 | 热储层 | 顶板埋深(m) | 底板埋深(m) | 厚度(m) |
|---|---|---|---|---|
| $Z_{15}$ | N | 540 | 580 | 40 |
| | | 780 | 830 | 50 |
| $Z_{16}$ | N | 560 | 580 | 20 |
| | | 770 | 820 | 50 |
| $Z_{23}$ | N | 530 | 860 | 330 |
| $Z_{28}$ | N+T | 970 | 1 050 | 80 |
| $Z_{32}$ | N | 960 | 1 030 | 70 |
| $Z_{33}$ | N | 1 310 | 1 530 | 220 |
| $Z_{39}$ | O+∈ | 610 | 660 | 50 |
| $Z_{43}$ | O+∈ | 640 | 740 | 100 |
| $Z_{44}$ | O+∈ | 660 | 720 | 60 |
| $Z_{45}$ | P+C | 520 | 590 | 70 |
| | P+C、O+∈ | 650 | 710 | 60 |
| $Z_{47}$ | O+∈ | 510 | 660 | 150 |
| $Z_{54}$ | P+C | 640 | 690 | 50 |
| $Z_{64}$ | N | 640 | 720 | 80 |
| $Z_{70}$ | N | 635 | 690 | 55 |
| | | 805 | 900 | 95 |
| $Z_{73}$ | N | 950 | 1 040 | 90 |
| $Z_{80}$ | N | 1 760 | 1 810 | 50 |
| $Z_{82}$ | N | 1 710 | 1 750 | 40 |
| | T | 1 910 | 1 970 | 60 |
| $Z_{85}$ | N | 1 830 | 1 910 | 80 |
| $Z_{86}$ | N | 1 940 | 1 990 | 50 |

超长波解释表明热储异常测点数为 19 个。在测区西南三李村一带，超长波解释热储异常段主要赋存于二叠系(P)、石炭系(C)、奥陶系(O)、寒武系(∈)基岩地层中，埋深为几百米；在测区中部和北东部，热储异常段主要赋存于新近系(N)地层底部，埋深范围为 540～1 990 m 区段。

## 3.2 区域重力场

根据郑州区域布格重力异常图(见图 3-6)可以看出，区域重力等值线密集，走向北西—南东，向北东方向数值下降。区域重力值的变化反应了郑州市区基底的起伏。

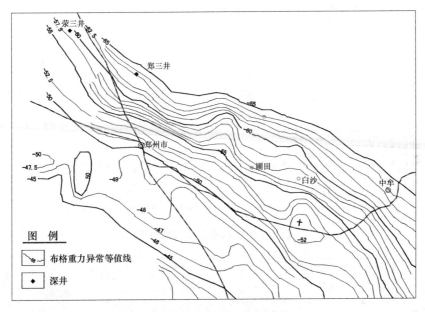

图 3-6 区域布格重力异常图

根据郑州区域重力二次微商图(见图 3-7)可知，郑州市区位于重力二次微商的高值封闭圈内。重力二次微商图的高值表明该区域内为基岩隆起区，因此认为郑州市区西南部有一小隆起。基底隆起区内，有利于地下热水的积聚。

## 3.3 区域地磁场

根据郑州区域航磁△T 平面图，如图 3-8 所示。航磁异常零值线大致沿黄河展布，其北部为正异常区，南部为负异常区。郑州市区位于-50～-100nT 的环状负磁异常带内，-50nT 的负磁异常等值线在北部老鸦陈通过，南部由薛店南通过。郑州市以南，由侯寨、十八里河、郑庵、白寨、小乔、孟庄围成-100nT 的强负磁异常封闭圈。

从已出露的地热资源展布情况看，郑州市区大部分地带为深源地热异常区，热水埋藏深度约 1 000 m，地热水温度 40 ℃左右，位于航磁异常-50～-100nT 的弱负磁异常条带内。而郑州市南部的三李—郭小寨一带为浅源地热异常区，地热水埋藏深度在 60～170 m 内，温度近 40 ℃，它位于-100nT 的强负磁异常封闭圈内。

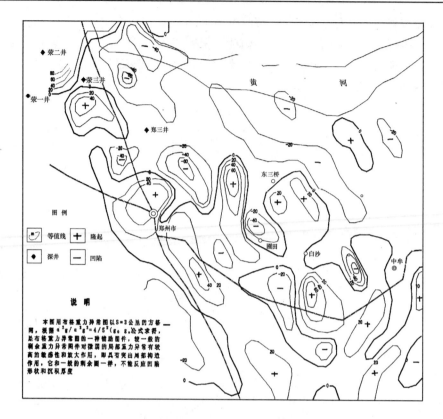

**图 3-7　区域重力二次微商图**

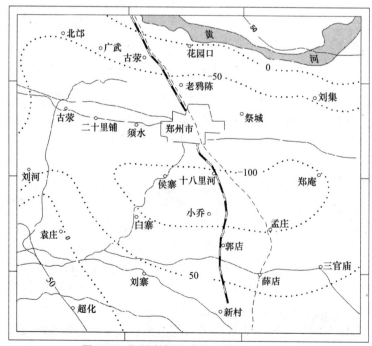

**图 3-8　郑州市邻近地区航磁△T平面图**

## 3.4　浅层人工地震

为准确确定郑州市区几条主要断层的位置、产状、性质等参数，研究郑州市区几条主要断层和热储层的关系，采用在东区做的四条人工地震资料和收集的穿过郑州市区的十条浅层人工地震勘探成果资料，对郑州市区的主要断层和热储层的埋藏深度进行了论述。

### 3.4.1　5 线和 7 线人工地震剖面

这两条线位于郑州市区南部，5 线为刘庄—芦邢庄地段，7 线为航海路东段。主要是对老鸦陈断层南段进行勘探。各波组解释如下所述。

$T_a$ 为第四系底界反射。

$T_N$ 为新近系底界反射，深约 800 m，产状缓倾或微倾。该波组是所有波组中最强、最稳定的波组。

$T_P$ 为二叠系上统上石盒子组顶板反射(平顶山砂岩反射)，其上部基岩地层解释为三叠系中下统和二叠系上统上石盒子组。该套地层倾角较大，与上覆新生界呈不整合接触，剥蚀面比较清楚。深度在 2 600 ~ 2 800 m。

$T_g$ 为石炭系或奥陶系灰岩反射。

### 3.4.2　8 线人工地震剖面

这条线位于大石桥北侧，该剖面从上到下基本均为水平层状反射，没有断层显示，大致可以分为如下四大波组。

Ⅰ波组为第四系底界的反射，对应深度约 190 m。

Ⅱ波组为新近系明化镇组的反射，对应深度为 190 ~ 600 m。

Ⅲ波组为新近系馆陶组的反射，对应深度为 600 ~ 900 m。

Ⅳ波组为新近系底部沉积物的反射，对应深度在 920 m 以下。

### 3.4.3　9 线人工地震剖面

此条线位于农业路，该剖面反映了一组呈 U 字形反射界面，上部凹槽内为古河床，下部似有地堑式变形。推测该处老鸦陈断层在第四系中有活动。

### 3.4.4　10 线人工地震剖面

此条线位于东风路，该剖面中老鸦陈断层有明显反映，上部断点距地表 4.4 m，而郑州市第四系底板埋藏深度在 200 m 左右，表明老鸦陈断层在第四纪晚期仍有活动。

### 3.4.5　*AB* 线人工地震剖面

该测线位于京珠高速公路以西，杨兑桥、高庄、陈三桥以东，贾陈以北，运粮河以南，北北东向，全长 3 010 m，实测剖面如图 3-9 所示。从解译剖面图上可以看出，该测线第四系上更新统($Q_3$)底板埋深为 40 ~ 55 m，中更新统($Q_2$)底板埋深为 110 ~ 122 m，下更新统($Q_1$)底板埋深为 165 ~ 185 m。在该段测线桩号 1 580 m 处存在断层，该断层视倾向北，视倾角较陡，为 70 ~ 80°，断层北盘下降，南盘上升，应为正断层。该断层对应于中牟断层。

### 3.4.6　*CD* 线人工地震剖面

该测线位于王府李至穆庄村的乡间土路上。西起王府李村东南，东至穆庄村东约 700 m 处，方向北西西，全长 3 150 m，实测剖面如图 3-10 所示。该测线第四系中更新统($Q_2$)

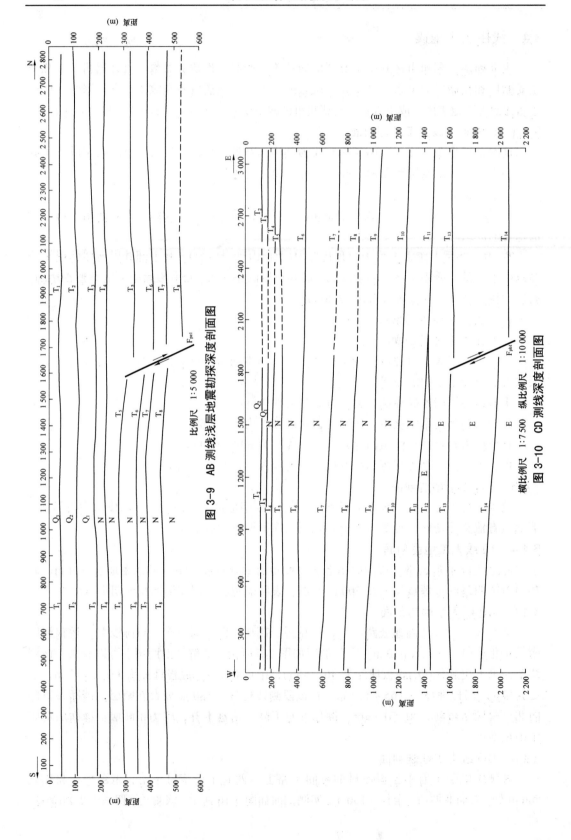

图 3-9 AB 测线浅层地震勘探深度剖面图

比例尺 1:5 000

图 3-10 CD 测线深度剖面图

横比例尺 1:7 500　纵比例尺 1:10 000

地层底板埋深为 120 ~ 140 m，下更新统($Q_1$)地层底板埋深为 160 ~ 180 m，新第三系(N)地层底板埋深为 1 350 ~ 1 495 m。从剖面上看，此处的断层没有错断新第三系(N)。依据断层的位置和性质来看，该断层应是花园口断层，这表明花园口断层在老第三纪时期仍在活动，但自新第三纪以来已不再活动。

### 3.4.7　EF 线人工地震剖面

该测线位于土新庄和二十里铺之间。南起二十里铺北，北至金水东路北约 200 m 处，方向北北东，全长 3 105 m，实测剖面如图 3-11 所示。该测线第四系中更新统($Q_2$)地层底板埋深为 110 ~ 135 m，下更新统($Q_1$)地层底板埋深为 165 ~ 200 m，新第三系(N)地层底板埋深为 1 180 ~ 1 255 m。$FPS_1$ 和 $FPS_2$ 两断点仅错断了 $T_{14}$ 地层界面，$FPS_3$ 断点向上错断了 $T_{13}$ 地层界面，这三个地层断点向上都没有错断 $T_{11}$ 地层界面，即都没有错断新第三系(N)。从这三个断点的位置和性质来看，它们可能是上街断层的反映，并表明上街断层在老第三纪时期仍在活动，但新第三纪以来已不再活动。从这三个断点的形态来看，它反映出的上街断层不是一条简单的断层，它应该是由多个分支断层组成的断层带。

### 3.4.8　GH 线人工地震剖面

该测线位于南曹乡大燕庄村东。南起老司赵站、老陇海铁路北侧，北至大燕庄村北潮河南岸，方向北北东，全长 3 105 m，实测剖面如图 3-12 所示。该测线第四系中更新统($Q_2$)地层底板埋深为 90 ~ 95 m，下更新统($Q_1$)地层底板埋深为 135 ~ 150 m，新第三系(N)地层底板埋深为 1 010 ~ 1 270 m。$FPX_5$ 向上错断了 $T_{10}$ 地层界面，但没有错断 $T_9$ 界面，表明芦医庙断层在新第三纪时期仍在活动。须水断层上的各断点向上错断的最新地层界面为 $T_4$，而 $T_3$ 地层界面不存在明显的错断现象，这表明须水断层在新第三纪时期也仍在活动。

## 3.5　地面电法测量

收集了城区激电测深剖面七条，采用对称四极方法。控制城区面积约 120 km$^2$。分布于北环路、农业路、建设路、东大街、郑汴路、航海路、百花路、京广南路、大学路、东明路等路段。对郑州市城区地下含水层的分布及深层地下水和热储层的赋存情况进行了论述。主要成果如下所述。

(1)在城区浅部 100 m 以内，地层主要为视电阻率和极化值比较高的砂层，局部为砂砾石层，100 ~ 500 m 为电阻率相对较低的粉细砂与黏土互层，有较好的含水层段。

(2)埋藏深度在 700 ~ 1 000 m 的低电阻层是城区较好的含水层和热储层，岩性为砂岩及薄层泥岩互层。

(3)2 000 ~ 3 000 m 深度内存在视电阻率小于 15 Ω·m 的低电阻层，是深部较好的热储层，而视电阻率 20 ~ 30 Ω·m 以上的岩层，其含水情况及热储相对较差。

(4)城区基岩界埋深由西南向东北逐渐加大。从航海路的 700 m、农业路的 1 200 m 到北环路的 1 300 m。

在郑州市区西南沿郑密公路桐树洼—齐礼阎进行了地面电法测量。该剖面全长 15 km，点距 250 ~ 1 000 m 不等，最大极距为 5 000 m。根据电法测量结果，推测在后寨北侧与齐礼阎南侧各有断裂反映，其长度较短。齐礼阎断裂走向大致为北西西向，北升南降，断距 300 ~ 350 m。后寨断裂走向为北西西向，北升南降，断距大于 400 m。

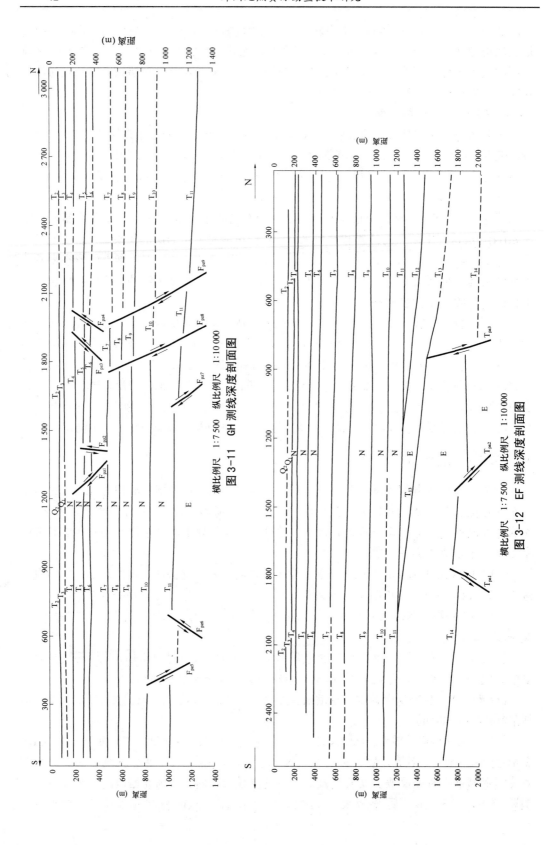

横比例尺　1:7 500　纵比例尺　1:10 000
图 3-11　GH 测线深度剖面图

横比例尺　1:7 500　纵比例尺　1:10 000
图 3-12　EF 测线深度剖面图

综上所述，郑州市区基底埋藏深度起伏较大，西南部三李一带基岩出露，西南部河南省高速公路管理局埋深 800 m，东南芦邢庄基岩顶面埋深为 795 m，中部的市百货大楼埋深在 900 m 左右，东南部枣庄埋深已超过 1 100 m，老鸦陈断裂东北部埋藏深度大于 1 300 m。基岩顶面埋深的差异，构成了市区东北部埋藏较深的地热优于市区其他地带的重要原因之一。

控制地热的构造有老鸦陈断裂、花园口断裂、古荥断裂、中牟断裂、上街断裂、须水断裂、尖岗断裂、郭小寨断裂及三李断裂等。这些断层均为开启性的张性正断层，它们在某种程度上成为深部地下热水对流、运移和富集的通道。特别是老鸦陈断裂，该断裂已错断上更新统进入全新统，上部断点距地表仅 3.5 m，下部断至数千米深部，它不仅是上部松散岩类孔隙水向下运移、渗透的良好通道，而且更易于下部岩溶裂隙中的超深层地下热水上涌，形成地下热水的对流和热交换的良好通道。该断裂控制着市区东北部热储岩性、厚度、热储温度、出水量，这与实际情况相吻合。郑州市地热开采井主要分布在老鸦陈断裂与须水断裂控制的区域。

对西南三李一带的地热，主要受控于三李南断裂和三李北断裂(东西向)。郭小寨断裂(北西向)及三李至郭小寨断裂(北东向)。前三组断裂为三李地热提供了深部热水向上循环的通道，而郭小寨断裂，断距 80～200 m，其两侧水量差异较大。该断裂在一定程度上阻碍了西南方向地下水向东北方向流动，但三李至郭小寨断裂又为西南方向地下水向东北方向径流提供了良好通道。

# 第4章 地球化学勘查

地球化学勘查是地热资源勘查中广泛采用的成本较低和最有效的方法之一。它不但费用低，而且对未做任何调查的地区的地热显示进行地球化学研究，常使我们能对该地区是否有必要进一步勘查给予结论性答案。地球化学方法是通过分析天然热泉或沸泉的化学成分来判断地下热储的情况。在热田研究中，从区域普查、重点地区的勘探与评价，直到热田开采的各个阶段，地球化学勘查方法始终是地热田勘查的重要手段。

地下热水以不同相态充填在岩石孔隙和裂隙中，并不断地向地表运移和上涌。它们在各种温度、压力等物理条件下，与周围岩石相互作用，溶解各类物质而形成其特殊的化学成分。例如汞(Hg)具有强烈的挥发性和迁移能力，当地层中存在裂隙时，它可以从地层深处迁移到地表，并被土壤吸附后沉积下来。另外，地热系统岩石和土壤中的多种微量元素，如 As、Sb、Bi、B、Li、Rb、Cs、Be、Sn、Pb、Zn、Mn 等也与地热关系密切，通常可以作为地热资源的指示剂。所以，对地热资源的地球化学研究可以提供许多重要的信息。《地热资源地质勘查规范》(GB11615—1989)作以下规定。

(1)在地热资源勘查各阶段中都应进行地球化学调查，并尽量采用多种地球化学地面调查方法，确定地热异常分布范围。

(2)采取具有代表性的地热流体(泉、井)、常温地下水、地表水、大气降水等样品进行化验分析，对比分析它们与地热流体的关系。

(3)进行温标计算，推断深部热储温度。

(4)测定稳定同位素和放射性同位素，推断地热流体的成因与年龄。

(5)计算地热流体中的 Cl／B、Cl／F、Cl／$SiO_2$ 等组分的比率，对比分析地热流体和冷水间的关系及其变化趋势，并进行水、岩均衡计算。

(6)对地表岩石和勘探井岩芯中的水热蚀变矿物进行取样鉴定，分析推断地热活动特征及其发展历史。

(7)地球化学调查比例尺应与地质测量比例尺一致。

郑州的地热水和普通地下冷水相比，地下热水由于温度比较高，与围岩反应强烈，因此其中溶解的化学成分较复杂，总量(矿化度)也较大。基于地热水化学成分和热储温度的这一关系，地热地球化学在研究和利用地热资源中应用广泛。本次采用的地球化学方法有普通水文地球化学方法、同位素方法、放射性方法和地球化学温标法。

## 4.1 普通地球化学方法

### 4.1.1 热水化学成分的来源

热储层中热水和围岩矿物之间化学成分的相互转移称为水—岩作用，转移方式包括溶滤作用、水合反应和氧化—还原反应等。一般情况下，大气降水中化学成分的种类和总量远少于围岩中化学成分的种类和总量。因此，一定温度下的水—岩作用将使围岩中的化学成分向地下水中转移。其结果是，围岩中的化学成分减少，热水中的化学成分增加。随着时间的延长，在一定温度下，水—岩作用达到平衡，热水中的化学成分将基本稳定。一旦温度条件改变，原有的平衡状态将被新的平衡状态代替，对应的热水化学成分也将改变。总之，热水化学成分主要来源于围岩，但其含量受水—岩作用平衡状态的控制，不同热储层其水—岩作用平衡状态不同，热水化学成分含量也有差异。

为研究郑州市区地下热水化学成分的来源，在郑州市西南山区热储层出露的沟谷内选两个点(一个位于郑州西南三李附近的沟谷内，另一个位于新密市曲梁乡小沟村，三李位于小沟的径流上游)取四个岩样测定其化学成分。分析结果见表 4-1。

**表 4-1　围岩化学成分分析结果**　　　　　　(单位：g / kg)

| 层位 | 岩性 | 取样点 | 埋深 | K | Na | Ca | Mg | Cl | $SO_4^{2-}$ | $SiO_2$ | Sr | F |
|---|---|---|---|---|---|---|---|---|---|---|---|---|
| $Q_2$ | 褐黄色中细砂 | 三李 | 出露于地表 | 0.085 | 0.24 | 6.22 | 2.11 | 0.42 | 0.14 | 1.10 | 0.024 | 0.003 |
| | | 小沟 | | 0.065 | 0.41 | 10.20 | 1.96 | 0.25 | 0.25 | 1.35 | 0.022 | 0.005 |
| $N_m$ | 灰白色细砂 | 三李 | 大于50 m | 0.05 | 7.30 | 101.55 | 1.96 | 0.58 | 0.15 | 0.90 | 0.031 | 0.012 |
| | | 小沟 | | 0.035 | 0.16 | 4.48 | 1.66 | 0.42 | 0.04 | 0.60 | 0.017 | 0.05 |

由表 4-1 可以看出，在埋藏深度较大的新近系 $N_m$ 岩层中，围岩化学成分由三李(上游)到小沟(下游)明显减少，说明在水—岩作用(主要是溶滤作用)的影响下，围岩化学成分向地下水中转移，也就是说地下水中的化学成分主要来源于围岩。下更新统岩层由于其埋藏浅(出露于地表)，围岩化学成分的变化不但取决于水—岩作用而且受外界自然环境条件变化的影响，从而出现了围岩化学成分由上游到下游有增有减的现象。在郑州市区，即使埋藏较浅的下更新统热储层，埋深也大于 100 m 且温度大于 25 ℃，故热水化学成分的变化主要受水—岩作用(主要是化学作用)的控制，即热水化学成分主要来源于围岩。

受水文地球化学作用，围岩中易溶盐类如氯化物、硫酸盐等迅速溶解。然后是硫酸盐矿物或硅酸盐矿物，在 $CO_2$ 作用下，与水相互作用，并形成了以 Ca·Mg 离子为主的弱矿化重碳酸型水。反应如下

$$CaCO_3 + H_2O + CO_2 \rightarrow Ca^{2+} + (2-x)HCO_3^- + xOH^-$$

$$Mg_2SiO_4 + 4CO_2 + 4H_2O \rightarrow 2Mg^{2+} + 4HCO_3^- + H_4SiO_4$$

随着溶滤作用的进行，岩土中易溶盐类不断淋失并逐步减少，难溶盐类发生不全等溶解(水解作用)。铝硅酸盐的水解及阳离子交换吸附作用是水中 $Na^+$ 不断增高的原因。如钠长石的水解反应如下

$$Na_2AlSi_3O_8 + H^+ + 9/2H_2O \rightarrow 1/2Al_2Si_2O_5(OH)_4 + Na^+ + 2Si(OH)_4$$
$$Ca^{2+} + Na^+(吸附) \rightarrow Na^+ + Ca^{2+}(吸附)$$

由补给区向排泄区过渡，溶滤作用逐渐减弱，而浓缩作用逐渐增强。

在垂向上，浅部以溶滤作用为主，深部以浓缩作用为主。含水介质、水文地球化学环境及作用的不同是导致地下水化学成分差异的主要原因。

### 4.1.2　热水水化学类型

国内外地下热流系统水文地球化学特征研究结果表明：$K^+$、$Na^+$、$Ca^{2+}$、$Mg^{2+}$、$SO_4^{2-}$、$CO_3^{2-}$、$HCO_3^-$、$SiO_2$ 等常量组分及 Li、Rb、Sr、$HBO_2$、Hg、As、Br、I 等微量组分受热水温度控制，可用来区分热水和冷水。郑州市区部分热水井水质化验结果见表 4-3。通过该表可以看出，各热储层地下热水的水化学成分有以下显著特点：各热储层的 pH 值呈弱碱性；浅埋区西南郊三李井为重碳酸硫酸钙型水，矿化度为 0.5～0.54 g／L。深层热储层水质好，水化学类型以 $HCO_3$—Na 型为主，矿化度为 600～800 mg／L，总硬度为 75～150 mg／L，Sr 含量为 0.4～1.0 mg／L，$H_2SiO_3$ 含水量为 30～40 mg／L。阴离子以重碳酸为主（$HCO_3^-$ 的含量为 300～330 mg／L，$SO_4^{2-}$ 含量为 266～336 mg／L），阳离子以钠钾为主（$Na^+$ 含量 286～288 mg／L）。超深层热储层热水水化学类型以 $HCO_3$—Na 型为主，少数 $HCO_3 \cdot SO_4$—Na 型，矿化度为 800～1 000 mg／L，总硬度为 22～73 mg／L，Sr 含量为 0.2～0.1 mg／L，$H_2SiO_3$ 含量为 25～30 mg／L。

该地下热水，据郑热 3 孔的水样做了放射性物质和光谱半定量分析。测定的结果是：含铀 0.003 mg／L、氡 $1.51 \times 10^{-10}$ 居里／L、镭 $1.59 \times 10^{-12}$ 居里／L。

经过光谱定量分析，地下热水中含有铜、锡、钼等 14 种元素，其含量见表 4-2。

**表 4-2　郑热 3 孔光谱半定量分析成果**　　　　　（单位：mg／L）

| Cu | Su | Mo | Na | Sr | Ti | V |
|---|---|---|---|---|---|---|
| <0.007 9 | ≤0.007 9 | 0.007 9 | >78.9 | 0.39 | ≤0.007 9 | ≤0.007 9 |
| Mn | Zr | Fe | Al | CA | Mg | Si |
| 0.007 9 | <0.024 | 7.87 | 0.055 | 15.74 | 0.94 | 7.87 |

水化学分析结果研究表明，地下水形成的水文地球化学作用及其化学成分无论在水平方向上还是在垂直方向上都具有明显的分带性。

水平方向上，自地下水补给区到径流区，水化学类型及其成分由简单到复杂，矿化度由低到高。中深层地下水水化学类型，补给区为 $HCO_3$—Ca、$HCO_3$—Ca·Mg 型，径流区以 $HCO_3$—Ca·Mg、$HCO_3$—Ca·Na 及 $HCO_3$—Na·Ca 型为主，矿化度由补给区的小于 0.5 g／L，到径流区增至 0.5～0.7 g／L。深层、超深层地下水补给区以 $HCO_3$—Ca(Mg) 型为主，至径流区以 $HCO_3$—Na 为主，矿化度由补给区的小于 0.5 g／L，增至 1 g／L 左右。

在垂直方向上，地下水也具有明显的分带性。中深层地下水，含水岩层颗粒粗，水交替条件好，径流强，流场变化大，水化学类型为 $HCO_3$—Ca·Mg、$HCO_3$—Na·Ca 等，矿化度较低；埋深大于 800 m 的超深层地下水，含水岩层颗粒细，水交替条件差，径流迟缓，其化学类型以 $HCO_3$—Na 为主，矿化度也显著增大，而埋深居中的深层地下水水化学成分特征具有过渡带性质。从表 4-3 郑州部分地热井水质分析可以看出，矿化度随取水层埋深增加而增加，而总硬度随取水层埋深增大而减小（见图 4-1）。矿泉水界限指标 Sr 和 $H_2SiO_3$ 含量随取水层埋深增大而减小（见图 4-2）。资料表明，随取水层埋深增加，热储温度增加，热水化学成分主要受水文地球化学作用的影响，350～1 200 m 深度内矿化度、总硬度、Sr 和 $H_2SiO_3$ 都有显著变化。

表 4-3　郑州部分热水井的化学成分分析

（单位：mg／L）

| 位置 | 井深(m) | 温度(℃) | pH | K⁺+Na⁺ | Ca²⁺ | Mg²⁺ | Cl⁻ | SO₄²⁻ | HCO₃⁻ | H₂SiO₂ | Sr | Li | Fe | Al | F | Br | I | 矿化度 | 总硬度 |
|---|---|---|---|---|---|---|---|---|---|---|---|---|---|---|---|---|---|---|---|
| 三李 | 170 | 34 | 7.45 | 27.93 | 146.09 | 31.71 | 11.34 | 286.26 | 280.08 | 45.5 | 1.6 | 0.025 | <0.01 | <0.01 | 1.0 | 0.12 | 0.05 | 823 | 495 |
| 示范园 2 号 | 275 | 42 | 7.20 | 19.26 | 84.37 | 18.59 | 10.99 | 57.64 | 263.0 | 58.5 | 1.16 | 0.005 | 0.02 | <0.01 | 0.80 | 0.04 | <0.05 | 512 | 287 |
| 郭小寨村中 | 180 | 26 | 7.45 | 20.23 | 91.98 | 20.9 | 12.41 | 90.78 | 282.52 | 62.4 | 1.0 | 0.005 | 0.01 | <0.01 | 0.76 | 0.04 | <0.05 | 581 | 316 |
| 省水文总站 | 405 | 25 | 7.3 | 28.5 | 72.75 | 15.69 | 7.8 | 4.8 | 336.83 | 31.2 | 0.38 | 0.01 | 0.3 | <0.001 | 0.32 | 0.06 | <0.01 | 479 | 130 |
| 博大实业 | 500 | 29 | 7.89 | 141.66 | 21.4 | 10.5 | 31.14 | 47 | 382.11 | 31.6 | 0.69 | 0.05 | 0.05 | <0.01 | 0.14 | 0.1 | <0.05 | 662 | 97 |
| 郑热电 1 号 | 550 | 29.5 | 7.6 | 131.8 | 20 | 10.3 | 24.1 | 60 | 359.4 | 25 | 0.64 | 0.02 | 0.014 | <0.01 | 0.5 | 0.08 | 0.001 | 450 | 93 |
| 省地质公司 | 672 | 31.5 | 7.5 | 97.0 | 44.69 | 15.43 | 34.03 | 32.66 | 347.2 | 27.3 | 0.42 | 0.012 | 0.12 | <0.01 | 0.24 | 0.28 | <0.05 | 717 | 175 |
| 郑州铁路局 | 700 | 33 | 7.45 | 242.41 | 34.27 | 13.85 | 50.34 | 208.45 | 338.66 | 29.9 | 0.94 | 0.028 | 0.2 | <0.01 | 0.36 | 0.48 | <0.05 | 885 | 143 |
| 豫龙康乐园 | 750 | 35 | 7.6 | 238.05 | 10.1 | 3.45 | 49.56 | 145 | 368.56 | 26.75 | 0.52 | 0.05 | 0.8 | <0.01 | 0.78 | 0.1 | <0.05 | 853 | 80 |
| 中原汽贸 | 801 | 38 | 7.4 | 194.08 | 5.73 | 3.48 | 36.14 | 54.94 | 445.94 | 26.89 | 0.215 | 0.014 | 0.45 | <0.01 | 0.44 | 0.1 | <0.02 | 763 | 33 |
| 育泉实业 | 882 | 37 | 7.95 | 214.51 | 5.81 | 4.01 | 32.97 | 73.01 | 447.89 | 28.6 | 0.22 | 0.01 | 0.27 | <0.01 | 0.72 | 0.12 | 0.15 | 802 | 154 |
| 丰乐葵园 | 1 000 | 40 | 8.35 | 427.96 | 19.81 | 8.38 | 243.9 | 465.78 | 336.22 | 28.6 | 0.028 | 0.028 | 0.01 | <0.01 | 0.92 | 0.72 | 0.3 | 1 437 | 84 |
| 国土厅办公区 | 1 100 | 31.5 | 7.85 | 272 | 6.01 | 4.86 | 39.0 | 71.56 | 446.06 | 33.8 | 0.8 | 0.006 | 0.28 | <0.01 | 0.8 | 0.08 | <0.05 | 815 | 35 |
| 柳林村委 | 1 300 | 45 | 8.3 | 246.14 | 7.41 | 4.5 | 44.31 | 75.41 | 532.7 | 28.6 | 0.2 | 0.009 | 0.29 | <0.01 | 0.76 | 0.08 | <0.05 | 934 | 37 |
| 东区热电厂 | 1 506 | 58 | 7.8 | 272.02 | 5.01 | 4.86 | 31.2 | 90.78 | 572.37 | 36.4 | 0.23 | | 0.34 | <0.01 | 1.56 | | <0.01 | 721 | 33 |
| 河南省高速公路管理局 | 2 763 | 65 | 7.5 | 955.88 | 96.59 | 4.74 | 240 | 1 776.2 | 131.8 | 36 | 3.94 | 0.56 | 0.34 | <0.01 | 6.4 | 0.5 | 0.05 | 3 243 | 261 |

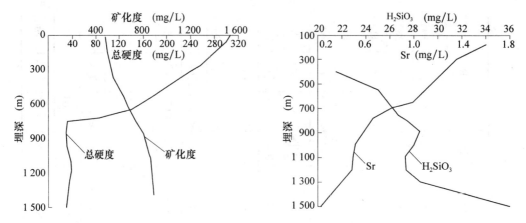

**图 4-1　矿化度、总硬度与取水层埋深关系曲线　图 4-2　Sr、H₂SiO₃ 含量与取水层埋深关系曲线**

## 4.2　同位素方法

稳定性氢氧同位素是广泛存在于水中的环境同位素，已被广泛应用于水循环的研究。根据地下水中氘(D)、氧-18($^{18}$O)和氚(T)的含量可以判断地下水的来源，确定地下水的补给区和补给区高度；利用氚的放射性衰变特性，可以确定地下水的年龄。

从地下热水中 D、$^{18}$O 组成特征和郑州市降水中的氢氧同位素对比可以确定，地下热水为降水入渗成因。利用降水中的 D、$^{18}$O 的高度效应，可以推算出深层地下热水的补给区及补给高度。计算公式为

$$H = \frac{\delta_s - \delta_p}{K} + h$$

式中　$H$——补给区高度，m；

　　　$\delta_s$——地下水中同位素含量；

　　　$\delta_p$——降水中同位素含量($\delta^{18}$O 取平均值-6.9‰)；

　　　$K$——同位素高度梯度($\delta^{18}$O 取平均值-0.5‰ / 100 m)；

　　　$h$——为取样地区平均标高。

氚是氢的放射性同位素，半衰期为 12.43 a，氚在高空形成后，很快同大气中的氧原子化合成氚水分子(HTO)，成为大气水的组成部分，参与水循环。因此，氚标记了现代水的循环，可以用于确定现代降水来源的地下热水的年龄。相对年龄计算公式

$$t = \frac{1}{\lambda} \cdot \ln\frac{T_0}{T}$$

式中　$t$——水在含水层中的存储时间，a；

　　　$\lambda$——氚的衰变常数，$\lambda = 5.576 \times 10^{-2} a^{-1}$；

　　　$T_0$——氚的输入浓度(降水含量取 46.3TU)；

　　　$T$——地下水中氚的含量，TU。

分地区采集了具有代表性的西南山区降水、地表水和市区浅层水、中深层水、深层水、超深层水不同层位的地下水样，做 D、$^{18}$O、T 的同位素含量测定。根据收集的资料

和本次取样分析结果，不同类别的水中同位素含量见表 4-4。由图 4-3 可以看出，随着深度的增加，D 和 $^{18}$O 的含量逐渐降低，二者的变化趋势相似，说明深层和超深层地下热水是由降水不断渗入补给形成的。将实测 $^{18}$O 的值代入公式，分别计算中深层水、深层水和超深层水的补给高度见表 4-5，这一高度与郑州市西南低山丘陵区标高一致，说明郑州市西南低山丘陵区主要为郑州市区中深层、深层、超深层地下水的补给区。

氢的放射性同位素 T 随深度的增加而逐渐降低(见图 4-4)，最低值为 4.02TU，说明该超深层热水为 1954 年以后入渗补给的水。将实测的氚含量的平均值代入相对年龄公式，计算得中深层地下水平均年龄为 23.6 a，深层地下水平均年龄为 32.6 a，超深层地下水平均年龄为 43.2 a。

表 4-4　同位素分析结果表

| 类　别 | | $\delta D(‰)$ | $\delta^{18}O(‰)$ | T(TU) |
|---|---|---|---|---|
| 降　水 | | −38.9 | −6.03 | 37.09 |
| 地表水 | | −33.5 ~ −30.1 | −4.91 ~ −8.9 | 28.93 ~ 23.25 |
| 松散岩类孔隙水 | 浅层地下水 | −47.5 ~ −37.0 | −9.9 ~ −7.1 | 36.98 ~ 54.88 |
| | 中深层地下水 | −79.9 ~ −53.1 | −11.1 ~ −8.6 | 4.25 ~ 25.87 |
| | 深层地下热水 | −73.1 ~ −66.1 | −11.3 ~ −9.93 | 6.15 ~ 28.43 |
| | 超深层地下热水 | −88.9 ~ −74.1 | −11.12 ~ −8.7 | 4.2 ~ 16.81 |
| 基岩裂隙水 | | −109.7 | −10.85 | <0.5 |
| 碳酸盐岩裂隙岩溶水 | 热水 | −62.7 | −9.43 ~ −8.8 | 12.54 ~ 24.39 |

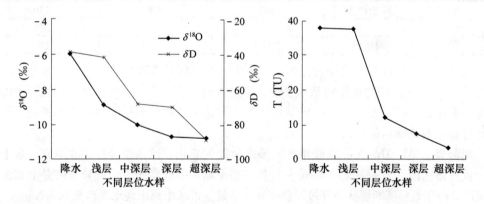

图 4-3　不同深度氢氧稳定同位素含量　　　　图 4-4　不同深度氚含量

表 4-5　沉积盆地型不同热储层地下热水的补给区高度计算结果表

| 层位 | $\delta^{18}O(‰)$ | 补给区高度范围(m) |
|---|---|---|
| 第一热储层 | −11.3 ~ −9.93 | 700 ~ 880 |
| 第二热储层 | −11.12 ~ −8.7 | 700 ~ 944 |

这充分说明深层地下热水、超深层地下热水的补给来源较远，补给量不充分，热储的渗透性不太好，运移速率较慢，更新周期较长。总之，郑州市区地热水以静储量为主，这对工作区地下热水的开采相当不利。

## 4.3　放射性氡气测量

据国内研究资料表明,地热异常区上方的放射性氡气往往存在条带状富集的情况,富集的位置往往较好地对应着断裂带,尤其是地热通道。

在郑州市城区共布设 16 条剖面(见表 4-6),其中 6 条近于东西向布设,以控制老鸦陈等断层,10 条近于南北向布置,用以控制须水和上街等断层在市区的具体位置。

表 4-6　放射性氡气测量剖面表

| 剖面编号 | 位置 | 剖面长度(m) | 异常值(爱曼) | 异常宽度(m) |
|---|---|---|---|---|
| I | 北环路 | 3 500 | 7.9 ~ 8.5 | 350 |
| II | 北环路东侧 | 2 730 | 11.8 ~ 32.2 | 300 |
| III | 南阳路北段 | 4 000 | | 没有异常 |
| IV | 花园路北端 | 3 300 | | 基本没有异常 |
| V | 农业路西段 | 2 600 | 峰值 9.8 | 250 |
| VI | 丰产路东段 | 2 450 | 峰值 14.8 | 280 |
| VII | 西环路中段 | 4 700 | 6.5 / 7.8 | 250 / 350 |
| VIII | 嵩山路 | 4 500 | 7.6 / 6.8 | 350 / 300 |
| IX | 纬一路 | 2 050 | 4.6 | 250 |
| X | 东明路 | 2 250 | 7.8 | 300 |
| XI | 航海路 | 2 450 | | 没有异常 |
| XII | 京广路 | 950 | 6.8 | 200 |
| XIII | 城东路 | 1 400 | 6.1 | 230 |
| XIV | 南仓西街 | 500 | 6.8 | 230 |
| XV | 经三路 | 850 | 6.9 | 250 |
| XVI | 桐柏路 | 2 100 | 6.6 | 200 |

通过对各条剖面异常段进行分析,剖面 I、V、IX异常段相连可形成一条北西向的异常条带 $F_1$。该条带与南阳路基本平行,经过老鸦陈、小杜庄、省体育馆东侧,向南延伸至芦邢庄,宽度 320 ~ 350 m。此异常带与郑州市区老鸦陈断层的位置基本相近,推断该异常是老鸦陈断层的反映。

剖面 VII、XVI、XIV、X异常段相连可形成异常条带 $F_2$。该条带经过北陈伍寨、水上乐园、黄河路东段,为一条宽 300 m 左右贯穿整个城区的异常条带。此异常带是上街断层的反映。由于老鸦陈断层从中穿过,致使异常条带在市区中部出现东高西低的明显错动。

剖面 XII、XIII异常段相连形成异常条带 $F_3$。该条带经过郑上公路、碧沙岗公园北部,宽 300 m 左右。推断该异常是古荥断层的反映。

剖面 VIII、XII、XIV、XIII异常段相连形成异常条带 $F_4$。该条带通过东耿河西街、小赵寨、省文物研究所、陇海东路,宽 300 m 左右。推断该异常是须水断层的反映。

剖面 II、VI异常段相连形成异常条带 $F_5$,该异常条带宽 300 m 左右。推断该异常是花园口断层的反映。

## 4.4　地球化学温标法

对温泉和地热井都可以利用地球化学温标来估算热储温度,预测地热田潜力。

各种地球化学温标建立的基础是：地热流体与矿物在一定温度条件下达到化学平衡，在随后地热流体温度降低时，这个"记忆"仍予保持。

选用各种化学成分、气体成分和同位素组成而建立的地热温标类型很多，各种温标都有自己的适用条件，应根据地热田的具体条件，选用适当的温标。近年来国际上新创立了钾镁与钾钠地热温标，其他温标计算方法参照有关规范执行。

### 4.4.1　钾镁地热温标

它代表不太深处热水贮集层中的热动力平衡条件，尤其适用于中低温地热田。

其计算式为

$$t = \frac{4\ 418}{13.98 - \lg(C_1^2 / C_2)} - 237.15$$

式中　$t$——热储温度，℃；

　　　$C_1$——水中钾的浓度，mg / L；

　　　$C_2$——水中镁的浓度，mg / L。

### 4.4.2　钾钠地热温标

根据水岩平衡和热动力方程推导的用以计算深部温度的一种温标。

$$t = \frac{1390}{1.75 - \lg(C_1 / C_3)} - 237.15$$

式中　$C_3$——水中钠的浓度，mg / L。

在郑州通过多年的经验采用钾镁地热温标方法比较合理。根据钾镁地热温标计算公式对郑州市区部分热水井进行计算，结果见表 4-7。

表 4-7　郑州市区部分热水井热储温度计算表

| 热储类型 | 井位 | 井深(m) | 井口温度(℃) | 热储温度(℃) |
|---|---|---|---|---|
| 浅层热储 | 三李 | 170 | 34 | 32.0 |
| | 三李 | 185.84 | 44 | 49.3 |
| 深层热储 | 地质公司 | 671.5 | 31 | 31.9 |
| | 人民路 2 号全日鲜 | 661.67 | 33 | 38.9 |
| | 省财政厅 | 884.0 | 31 | 35.9 |
| | 星光机械厂 | 465.59 | 26 | 30.8 |
| | 铁路生活中心 | 785.2 | 33 | 36.9 |
| | 森氏饮品 | 451.0 | 26.4 | 32.8 |
| 超深层热储 | 华北水利水电学院 | 1 012.2 | 41 | 48.2 |
| | 柳林村委 | 1 300.0 | 45 | 49.9 |
| | 郑州师范高专 | 1 200.0 | 43 | 46.9 |
| | 东区热电厂 | 1 506.0 | 58 | 52.5 |
| | 国土资源厅 | 1 100.0 | 42 | 45.7 |

由表 4-7 可知，采用地球化学温标法计算热储温度和实际较接近。对有水化学分析资料的开采井，可以采用此方法对没有测温的开采井进行计算。

# 第5章　郑州地热资源储量与流体质量评价

《地热资源地质勘查规范》(GB11615—1989)中对地热储量分类、分级、计算和评价作出以下的规定：

(1)地热储量分类、分级与级别条件。

根据我国目前开采技术和经济条件的可行性，并考虑远景发展的需要，将地热储量分为两类。①能利用储量：热储埋深小于2 000 m，便于开采，经济效益好，在开采期间不发生严重的环境地质问题，符合资源合理开发利用的储量。②暂难利用储量：热储埋深大于2 000 m，开采技术条件较困难，经济条件不合理，暂不宜开采利用，而将来有可能开采的储量。

按地热田勘查研究程度，将地热储量分为五级(A、B、C、D、E)。

A级：系地热田进行开发管理依据的储量。其条件是，①准确查明地热田边界条件和热储特征；②储量计算所利用参数均为开采验证了的；③掌握了三年以上开采动态监测资料。

B级：系地热田开发设计作依据的储量，也是地热勘探中所探求的高级储量。其条件是，①详细控制了地热田边界和热储特征；②通过试验取全取准储量计算所需的参数；③掌握了两年以上的动态监测资料。

C级：为地热田开发利用进行可行性研究或立项所依据的储量。对于类型复杂难以计算B级储量的地热田，C级储量可作为边探边采的依据。其条件是，①基本控制了地热田边界和热储特征；②通过试验获得了储量计算的主要参数；③掌握了一年以上的动态监测资料。

D级：经普查评价，证实具有开发利用前景的地热资源，是根据地热地质调查、物化探资料或稀疏勘探工程控制所求得的储量，作为地热田开发远景规划和进一步部署勘探工程的依据。其条件是，①大致控制了地热田范围和热储的空间分布；②取得了少量的储量计算所需参数。

E级：根据区域地热地质条件和地热流体的天然露头(或已有的井孔)等资料进行估算的储量，作为制定地热田勘查设计远景规划的依据。

(2)储量计算。

储量计算原则包括：①地热田储量计算一般包括地热能与地热流体的可开采量计算，如地热流体中含有达到工业提取指标的有用组分，也应评价其可开采量。②储量计算应建立在地热田的综合分析研究基础上，根据形成地热田的热源、地热地质条件和地热流体特征，建立计算模型，选择符合实际的计算参数和正确的计算方法。勘查过程中要不断完善计算模型，注意取全取准计算参数，提高计算精度，满足相应阶段的勘查要求。③在分别计算地热田热储的固体与流体体积中储存的地热能与地热流体储存总量、天然补给量的基础上，计算其可开采量。勘探阶段，应结合地热田开发方案、服务年限和利用方向,分别计算地热能、地热流体及有用组分的可开采量。④地表有地热流体排放、地热显示强烈的地热田,可计算地热能与地热流体的天然排放量,作为其天然补给量的下限。⑤储量计算应满足综合评价的要求。

确定计算参数的要求有:①热储面积和厚度的确定,普查阶段可根据地面测绘、物化探资料分析推定;详查与勘探阶段应结合岩芯、岩屑录井、简易水文观测、地球物理测井以及水热蚀变等资料确定。一般应符合热储盖层的平均地温梯度不少于 3 ℃ / 100 m 或 1 000 m 深度以浅获得的地热流体温度不低于 40 ℃ 和储层具有一定的渗透率(不少于 0.05 μm²)的要求。②热储温度的确定,一般根据钻孔实测温度,按算术平均或加权平均温度计算。③热储地热能采收率的确定,应根据热储的岩性、有效孔隙度、热储温度以及开采回灌技术条件合理确定。松散孔隙热储,其孔隙率大于 20%时,采收率可取 25%;岩溶裂隙热储采收率可取 15% ~ 20%;固结砂岩、花岗岩、火成岩等裂隙热储,其采收率可取 5% ~ 10%。④岩石密度、比热、热导率和孔隙度等物性参数:在普查阶段,可按经验值确定;详查、勘探阶段应采取试样,实验室测定或野外实测确定。⑤地热流体计算参数:导水系数($T$)、渗透率($K$)、压力传导系数($a$)、给水度($\mu$)、储水系数($\mu_e$)及越流系数 $K' / M'$等,在普查阶段可根据单孔试验,详查阶段主要根据多孔试验,勘探阶段主要通过群孔流量试验资料计算确定。当地热田具有较长系列的动态监测资料时,应通过动态资料反求有关计算参数。

储量计算方法要求有:①应在建立地热田模型的基础上,选择相应的计算方法进行计算。完整的地热田模型应能反映地热田的热源、地热流体的补给、运移、相态变化及混合过程。②详查和勘探阶段应选择两种以上的方法计算地热能及地热流体的可开采量。储量具体计算方法及其要求,可参照有关规定执行。

(3)储量评价。

一般应按综合利用的原则,针对可能的利用方向对地热能与地热流体的可开采量进行评价。①普查与详查阶段,根据天然补给量或天然排放量,论证可开采量的保证程度。②勘探阶段应根据技术经济条件对不同计算方案进行对比、论证,确定合理的开采方案,并根据确定的开采方案,预测地热田的地温场、渗流场的变化趋势,论证可开采量的保证程度。③对计算依据的原始数据、地热田模型、计算方法、计算参数及计算结果的准确性、合理性、可靠性作出评价。

## 5.1　地热资源计算与评价原则

根据郑州市地热地质条件,拟定地热资源计算、评价的原则。

(1)工作区地热资源属低温地热资源,分为温水型和温热水型,地热能的开发利用是通过热水资源的开发利用来实现的。因此,地热资源计算包括热储中的储存热量、储存地热流体量、地热流体可开采量及其可利用的热能量。主要以古生界热储层和新近系热储层为评价对象。

(2)工作区断裂型地热水资源埋藏较浅,但地热水运移深度较大,评估范围小;沉积盆地地热水资源埋藏深、补给缓慢、评估范围大,在计算时考虑将地下热水资源视为基本上不可再生的资源。因此,在评价中考虑地热流体容积储存量和弹性储存量。

(3)考虑到目前的经济技术条件，结合热储层的实际情况，规定断裂型热储层计算深度下限为 400～1 200 m，计算此深度内寒武系、奥陶系灰岩热储层地热资源；沉积盆地型热储层计算深度下限为 1 200 m，仅对在此深度内的新近系热储层地热资源进行统计计算。

(4)采用体积法计算地热流体容积储存量。结合目前开采深度，以区域水头平均下降50 m、100 m 分别计算沉积盆地型第一热储层、第二热储层的弹性释水量，以区域水头平均下降 100 m 计算断裂型热储层静储量，作为可开采资源量。

## 5.2　热储模型

### 5.2.1　断裂型热储概念模型

根据前述地热地质条件，工作区西南部热储埋藏深度较浅，特别是三李一带基岩裸露地表，断裂发育，此处有三李南断层、三李北断层、郭小寨断层，断层深达寒武系、奥陶系灰岩中。大气降水及地下水通过断层为深部地热提供物质来源，断层为地下热水的开采提供导水、导热通道，在市区西南一带形成带状热储，热储岩性为灰岩，热水赋存于断层破碎带及岩溶裂隙和溶洞中。由于该工作区范围较小，受其局限，地热区东北边界以尖岗断层为计算边界，其他边界为工作区边界，根据区域地质条件分析，均为无限透水边界。

该类型热源供给为深部热能沿断裂通道对流形式。

### 5.2.2　沉积盆地型热储概念模型

根据工作区地热地球物理、水文地质及地球化学特征，工作区基底总体是一个隆起，有利于深部热源聚积。在地质构造上工作区处于纬向构造带的北亚带与新华夏系的华北沉降带的复合部位，受一系列阶梯状平行走向断裂为主的构造格局控制，新生界以来接受了巨厚的松散沉积物，新近系中下部有较好的热储含水层，顶部又有导热率较低的盖层，起到保温隔水作用。同时在基底有导水导热构造存在，这为地下热水的径流提供了可能。西南部山区丘陵的地下水受降雨入渗补给，在向平原区流动的过程中，经基底岩石的热传导，逐渐被加热，储存的热能形成热水，即属于大地热流供热层状热储。在开采条件下能加速循环，能最大限度地将热储层中的热能"开采"出来。因此，据钻探资料，各热储层岩性较均一，深层热储和超深层热储岩性为细砂或细中砂，顶底板基本水平，厚度变化不大，地下热水径流缓慢，深层热储地下热水和区外同层地下热水水力联系密切，超深层热储地下热水在西边界、南边界同深度水力联系较弱，其他边界水力联系密切，深层和超深层地下热水水力联系较弱。因此，深层热储层在西南部以尖岗断层为边界、其他边界为工作区边界，所有边界均为透水边界，无越流补给，水平方向无限分布，均质各向同性的热储层，超深层热储层在西部以老鸦陈断层为边界，南部以须水断层为边界，其他边界为工作区边界，无越流补给，水平方向无限分布，均质各向同性的热储层。

该类型热源供给为大地热流传导形式。

根据上述模型概化，将工作区地热计算划分为两个计算区，三个计算亚区(见图 5-1)。热储层结构与分布特征值统计见表 5-1。

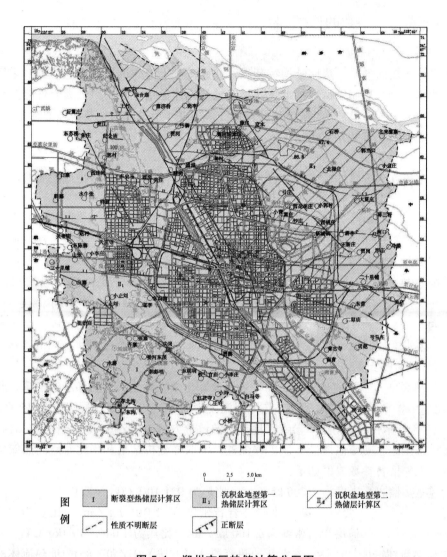

图例

| I | 断裂型热储层计算区 | II₁ | 沉积盆地型第一热储层计算区 | | 沉积盆地型第二热储层计算区 |

性质不明断层　　　正断层

**图 5-1　郑州市区热储计算分区图**

**表 5-1　热储概念模型特征表**

| 分区代号 | 亚区代号 | 热储类型 | | 计算面积(km²) | 热水埋深(m) | 顶板埋深(m) | 底板埋深(m) | 厚度(m) | 有效热储总厚度(m) | 盖层平均厚度(m) | 储层平均温度(℃) |
|---|---|---|---|---|---|---|---|---|---|---|---|
| I | I | 断裂型 | | 103.24 | 110 | 140~920 | 740~1 960 | 600~1 040 | 200 | 500 | 40 |
| II | II₁ | 沉积盆地型 | 第一热储层 | 886.35 | | 350 | 800 | 450 | 155.3 | 400 | 33 |
| | II₂ | | 第二热储层 | 423.41 | | 800 | 1 200 | 400 | 136.5 | 875 | 45 |

### 5.3　计算方法与参数的选择

#### 5.3.1　计算方法的选择

依据前述热储类型、热储结构特征以及在此基础上建立的热储概念模型，采用"热储法"计算地热各热储层赋存的地热储量和地热流体储量；采用"最大允许降深法"估算地热流体可采资源量，其中按单井可采量开采 100 年所消耗的地热流体储存量，用"热储法"确定井距及布井方案。

#### 5.3.2　计算参数的选择

采用上述方法进行计算所需参数主要有：热储几何参数、热储物理性质参数、热储渗透性和储存能力参数等。

##### 5.3.2.1　热储几何参数

热储面积和热储厚度：采用综合分析法确定，利用钻探资料，结合地球物理、地球化学和工作区地质、构造条件综合分析确定。

根据地热地质条件及开发利用情况，断裂型热储分布于尖岗断层西南部，面积 103.24 km²，热储层厚度约 200 m。沉积盆地型热储：第一热储层范围为尖岗断层东北部，面积为 886.35 km²，厚度为 30~185 m，平均约 155.3 m；第二热储层范围位于老鸦陈断层以东、须水断层以北，面积 423.41 km²，厚度为 87~178 m，平均约 136.5 m。

##### 5.3.2.2　热储物理性质参数

(1)热储温度　根据前述地质条件，采用地球化学温标法、地温梯度法推算，断裂型热储温度为 40 ℃，沉积盆地型第一热储层温度为 33 ℃、第二热储层温度为 45 ℃。

(2)热储岩石密度、比热　参考《地热资源评价方法》(DZ40—85)中比热、岩石密度及《开封市区地下热流系统及开发工程配置》中取样分析结果和华北盆地同热储层热力学参数，工作区各参数取值如下：

断裂型热储岩石密度为 2 700 kg／m³，比热为 921.10 J／(kg·℃)。

沉积盆地型热储岩石：第一热储层岩石密度为 2 000 kg／m³，比热为 1 046.7 J／(kg·℃)；第二热储层岩石密度为 2 100 kg／m³，比热为 1 046.7 J／(kg·℃)。

(3)地热流体密度、比热　参考《地热资源评价方法》(DZ40—85)中地热流体的经验值，取比热为 4 186.8 J／(kg·℃)，密度为 1 000 kg／m³。

##### 5.3.2.3　热储渗透性和储存能力参数

(1)热储孔隙度　参考《地热资源评价方法》(DZ40—85)中孔隙度经验值和《开封市区地下热流系统及开发工程配置》中取样分析结果和华北盆地同热储层统计资料，结合热储岩性及其埋藏深度取综合平均值，断裂型热储岩石孔隙度为 0.25，沉积盆地型热储岩石孔隙度：第一热储层岩石为 0.41、第二热储层岩石为 0.45。

(2)渗透系数、导流系数　根据收集资料和本次单孔抽水试验进行综合确定，断裂型热储层岩石渗透系数为 0.43 m／d、导流系数为 34 m²／d。沉积盆地型第一热储层岩石渗透系数为 1.45 m／d、导流系数为 71 m²／d；第二热储层岩石渗透系数为 0.30 m／d、导流系数为 25 m²／d。

(3)弹性释放系数和给水度　根据收集资料和本次单孔抽水试验计算成果综合确定，

沉积盆地型第一热储有效含水岩层为 $3.44 \times 10^{-3} \text{m}^{-1}$，第二热储有效含水岩层为 $8.99 \times 10^{-4} \text{m}^{-1}$；断裂型热储给水度取用经验值，取 0.03。

## 5.4 计算结果与评价

### 5.4.1 地热资源和地热水资源储量计算

根据前述地热地质条件，选用热储法进行计算。

计算公式为

$$Q_r = Ad[P_r C_r (1-\phi) + P_w C_w \phi](t_r - t_0)$$

$$Q_R = Ad P_w C_w \phi (t_r - t_0)$$

式中　　$Q_r$——地热资源储量，J；

$Q_R$——地热水资源储量，J；

$A$——热储面积，$\text{m}^2$；

$d$——热储平均有效厚度，m；

$P_r$——热储介质平均密度，$\text{kg}/\text{m}^3$；

$C_r$——热储介质平均比热，$\text{J}/(\text{kg}\cdot\text{℃})$；

$P_w$——地热水密度，$\text{kg}/\text{m}^3$；

$C_w$——地热水比热，$\text{J}/(\text{kg}\cdot\text{℃})$；

$\phi$——热储介质平均孔隙度；

$t_r$——热储平均温度，℃；

$t_0$——当地恒温带温度，℃。

经过计算，工作区地热资源储量 I 区为 $1.38 \times 10^{18}$ J，$\text{II}_1$ 区为 $6.50 \times 10^{18}$ J，$\text{II}_2$ 区为 $5.01 \times 10^{18}$ J，合计为 $1.29 \times 10^{19}$ J；地热流体资源储量 I 区为 $4.97 \times 10^8$ J，$\text{II}_1$ 区为 $3.78 \times 10^{18}$ J，$\text{II}_2$ 区为 $3.05 \times 10^{18}$ J，合计为 $1.18 \times 10^{19}$ J。

### 5.4.2 地热流体容积储存量计算

#### 5.4.2.1 地热水静储量

工作区西南部碳酸岩盐热储呈北西东南向展布，面积 $103.24 \text{ km}^2$。热水主要储存于断层破碎带及岩溶裂隙及溶洞中。根据区域地层资料及钻孔资料分析，钻孔涌水量在 $40 \sim 60 \text{ m}^3/\text{h}$，热储层厚度约 200 m，按区域水头压力下降 100 m 计算地热资源。

计算公式为

$$Q = 100F \cdot H \cdot \mu$$

式中　　$Q$——热水储存量，$\text{m}^3$；

$F$——热储层分布面积，$\text{m}^2$；

$H$——热储层平均厚度，m；

$\mu$——热储层给水度。

经过计算可得，$Q = 6.19 \times 10^{10} \text{m}^3$。

#### 5.4.2.2 地热水弹性储量

工作区热储平均有效含水岩层厚度 $\text{II}_1$ 区 155.3 m，$\text{II}_2$ 区为 136.5 m；平均区域水头下降 $\text{II}_1$ 区为 50 m、$\text{II}_2$ 区为 100 m，计算地热流体弹性储量。

计算公式为

$$Q_C = A\Delta h S_s d$$

式中　　$Q_C$——弹性储量，$m^3$；

　　　　$A$——热储面积，$m^2$；

　　　　$\Delta h$——热储压力降，m；

　　　　$S_s$——有效含水岩层弹性释放系数，$m^{-1}$；

　　　　$d$——有效含水岩层厚度，m。

经过计算，沉积盆地型地热流体弹性储量Ⅱ$_1$区为 $2.37 \times 10^{10}$ $m^3$，Ⅱ$_2$区为 $5.20 \times 10^{10}$ $m^3$，合计为 $7.57 \times 10^{10}$ $m^3$。

### 5.4.3　地热水可采资源量计算

地热水可采资源量的计算采用"最大允许降深法"。该方法的优点是按拟定的开采方案能求得最大的可采量。

该方法要首先拟定开采年限和开采布井方案，并保证开采末期达到最大的允许降深。本次计算拟定开采年限为 30 年，限定开采末期压力水位降深为断裂型热储区不大于 100 m，沉积盆地型第一热储层不大于 50 m、第二热储层不大于 100 m。

#### 5.4.3.1　开采布井方案的确定

##### 5.4.3.1.1　确定井距

井距采用按单井可采量开采 100 年所消耗的地热储量，用"热储法"和圆的面积公式确定。

(1)单井可采量。

根据收集资料和本次调查结果，断裂型热储区灰岩地热井最大可采量取 1 440 $m^3$ / d；沉积盆地型第一热储层、第二热储层地热井最大可采量分别取 1 200 $m^3$ / d、960 $m^3$ / d。

(2)开采 100 年所消耗的总热量

$$Q_w = 36\,500 Q_{可} C(t_r - t_0)$$

式中　　$Q_w$——单井开采 100 年消耗总热量，J；

　　　　$Q_{可}$——单井可采量，Ⅰ区取 1 400 $m^3$ / d、Ⅱ$_1$ 区取 1 200 $m^3$ / d、Ⅱ$_2$ 区取 960 $m^3$ / d；

　　　　$C$——地热水平均比热容，一般取 $4.17 \times 10^6$ J / ($m^3 \cdot ℃$)；

　　　　$t_r$——地热水平均水温，一般Ⅰ区取 34 ℃、Ⅱ$_1$ 区取 32 ℃、Ⅱ$_2$ 区取 42 ℃；

　　　　$t_0$——当地恒温带温度，一般取 17 ℃；

计算结果为，单井开采 100 年消耗总热量Ⅰ区为 $3.73 \times 10^{15}$ J，Ⅱ$_1$ 区为 $2.74 \times 10^{15}$ J，Ⅱ$_2$ 区为 $3.65 \times 10^{15}$ J。

(3)热储单位面积可采地热储量。

热储单位面积地热资源储量乘以地热采收率，即为单位面积可采地热储量。根据工作区热储岩性及其孔隙度，地热采收率可根据《地热资源评价方法》(DZ40—85)规定，松散层热储取 0.25，碳酸岩裂隙热储取 0.15。计算热储单位面积可采地热储量Ⅰ区为 $2.00 \times 10^9$ J / $m^2$，Ⅱ$_1$ 为 $1.88 \times 10^9$ J / $m^2$，Ⅱ$_2$ 为 $2.39 \times 10^9$ J / $m^2$。

由此可算出地热单井开采 100 年所需的地热区面积Ⅰ区为 $1.87 \times 10^6$ $m^2$，Ⅱ$_1$ 区为 1.46 ×

$10^6$ m$^2$，Ⅱ$_2$ 区为 $1.53 \times 10^6$ m$^2$。按圆面积折算，单井开采影响区直径 Ⅰ区为 1 543 m，Ⅱ$_1$ 区为 1 364 m，Ⅱ$_2$ 区为 1 396 m，即开采井距应分别不小于 1 600 m、1 400 m 和 1 400 m。

#### 5.4.3.1.2　确定井数和单井流量

根据上述估算的单井开采影响区面积和井距，工作区可布井Ⅰ区 36 眼、Ⅱ$_1$ 区 442 眼、Ⅱ$_2$ 区 216 眼。但估算是单纯从"热"角度进行的，由于地热能的开采利用是通过地热水的开采利用而实现的，所以井数和单井流量还需从"水"的角度进一步论证。

采用水文地质学上的泰斯方程，用平均布井法进行计算，在满足开采末期最大水位降深要求的条件下给定不同的井数和单井流量，以及拟定井位，计算群井开采条件下的地热水压力(水位)变化趋势，最终确定经济合理的布井数和单井流量。

计算公式为

$$S_0 = \frac{Q}{4\pi T} W(u)$$

式中　$S_0$——热储层压力降深，m；

　　　　$Q$——单井流量，m$^3$ / d；

　　　　$T$——热储层导流系数，m$^2$ / d；

　　　　$W(u)$——井函数。

按Ⅰ区 36 眼、单井涌水量 1 440 m$^3$ / d，Ⅱ$_1$ 区 442 眼井、单井流量 1 200 m$^3$ / d，Ⅱ$_2$ 区 216 眼、单井流量 960 m$^3$ / d 的布井方案进行计算，计算结果表明两个方案开采 30 年期末的开采井最大水位降分别为 68 m、27 m 和 62 m，均不超过设定的降深。从经济角度考虑，井距应大于 2 000 m，Ⅰ区 26 眼、单井涌水量 1 440 m$^3$ / d，Ⅱ$_1$ 区布井 216 眼、单井流量 1 200 m$^3$ / d，Ⅱ$_2$ 区 106 眼、单井流量 960 m$^3$ / d 是可行的。

#### 5.4.3.2　地热水可采资源量计算

采用"最大允许降深法"计算，拟定开采年限 30 年，Ⅰ区、Ⅱ$_1$ 区、Ⅱ$_2$ 区区域水头下降分别为 100 m、50 m、100 m。

计算公式为

$$Q_{WH} = N \cdot Q \cdot P(t_r - t_0) P_W \cdot C_w$$

式中　$Q_{WH}$——地热水可采资源量，J；

　　　　$N$——布井数；

　　　　$Q$——单井流量，m$^3$ / d；

　　　　$P$——开采年限，a；

　　　　其他符号意义同前。

计算结果为，工作区 30 年地热流体可采资源量Ⅰ区、Ⅱ$_1$ 区、Ⅱ$_2$ 区分别为 $4.1 \times 10^8$ m$^3$、$2.84 \times 10^9$ m$^3$、$1.11 \times 10^9$ m$^3$，含热量Ⅰ区、Ⅱ$_1$ 区、Ⅱ$_2$ 区分别为 $2.92 \times 10^{16}$ J、$1.78 \times 10^{17}$ J、$1.17 \times 10^{17}$ J，折合电能Ⅰ区、Ⅱ$_1$ 区、Ⅱ$_2$ 区分别为 8.1 MW、49.4 MW、32.5 MW。

### 5.4.4　可采地热资源评价

根据各计算区井距 2 000 m，Ⅰ区、Ⅱ$_1$ 区、Ⅱ$_2$ 区开采井眼数分别为 26 眼、216 眼、106 眼，相应各区单井涌水量分别为 1 440 m$^3$ / d、1 200 m$^3$ / d、960 m$^3$ / d，各区区域水

头下降分别为 100 m、50 m、100 m 进行计算。30 年 I 区所采地热水总量占该区静储量的 0.7%，所采热量仅占该区地热资源量的 2.1%，II 区所采地热水总量占该区地热水弹性储量的 5.2%，所采热量仅占该区地热资源量的 2.56%，因此二者均是有充分保证的。

## 5.5　地热流体质量评价

《地热资源地质勘查规范》中对地热流体质量和环境评价提出以下要求：

(1)地热流体的质量主要指的是地热流化学成分及其能量的品位　地热流的质量评价，应在查明地热流体的物理性质、化学成分及其变化规律的基础上，根据所选用的开采方案，确定其用途，结合地热流体开发利用指标以我国现行的有关评价标准进行综合评价。

(2)地热流体水质评价　地热流体水质评价主要包括：①医疗热矿水评价，参照《地热资源地质勘查规范》附录 C 对其是否属于医疗矿水作出评价；②饮用热矿水评价，符合饮料矿水标准，可作为天然饮料矿水开发的低温地下热水，其水质标准依据 GB8537 进行评价；③饮用热水评价，有的地热区只产热水，没有凉水，为解决当地人、畜饮水，应根据 GB5749 结合当地实际情况，对地下热水是否符合饮用条件作出评价；④农业灌溉用水评价，低温地下热水可作为农业灌溉用水。由于地下热水中通常含有较高浓度的氯化物及氟、硼等，其是否适用于农业灌溉，需对照 GB5084 进行评价；⑤渔业用水评价，低温地下热水仍可适用于鱼类的养育越冬以及孵化等，并可适用于高密度工厂化养殖罗非鱼等喜温的热带鱼种，其水质标准应按照有关规范进行评价；⑥工业用水评价，根据热流体的质量特性结合不同工业对水质的要求作出评价。

(3)地热流体中有用矿物组分评价　对于高浓度的地热流体，可以从中提取锂、碘、溴、硼等成分，还可生产食盐、芒硝等，达到工业利用价值者，参照《地热资源地质勘查规范》附录 D 予以评价。

(4)地热流体开发利用温度评价　根据地热流体的不同用途，按《地热资源地质勘查规范》中表 1 温度指标进行评价。

(5)地热腐蚀评价　应对地热流体中由于 $Cl^-$、$SO_4^{2-}$、$CO_3^{2-}$、$H_2S$ 等的存在导致对金属和碳钢的腐蚀性作出评价。地热流体对地热管线和设施的腐蚀影响，一般应通过试验(最基本的试验是挂片试验)作出评价，确定不同材料的腐蚀率。

(6)地热结垢评价　对地热流体中所含二氧化硅、钙和铁等组分，产生结垢的可能性作出评价，并通过试验，评述结垢程度。对结垢较严重的地热流体还应做防垢试验，提出较为经济合理的解决办法。

(7)地热开发环境影响评价要求　该环境评价要求主要有：①地热流体排放对环境影响的评价，即，一是高温地热流体中所含 $CO_3^{2-}$、$H_2S$ 等非凝气体应评价其排放对大气可能造成的污染；二是废地热流体中所含的一些高浓度有害组分应遵循《中华人民共和国水污染防治法》以及一些地方制定的水污染物排放标准，评价其排放对环境的影响。②地面沉降评价，对于浅埋的孔隙热储和岩溶热储，应对其可能产生的地面沉降和岩溶塌陷作出评价。建立二级以上的水准点，其参照的水准点要设在地热田以外的基岩上。对高温地热田还应进行重力检测。③其他环境影响方面的评价，高温地热田通常还会遇到喷气孔和沸泉逸出的 $H_2S$ 气体造成空气污染，地面天然放热热量过高和热弃水排放也可能造成环境热害等方面的问题,对此应在地热勘查工作中有所测定,并参照有关规范作出相应的评价。

　　根据收集的地热流体的化学成分和分析的地热流体化学成分资料,对郑州市区地热流体水质从医疗热矿水、饮用热矿水、饮用水、农业灌溉用水、渔业用水和工业用水等方面进行评价。

### 5.5.1　医疗热矿水评价

　　根据《医疗热矿水水质标准》(GB11615—1989)的规定指标,结合地热水水质分析资料,沉积盆地型地热水中偏硼酸、氟含量局部达到了有医疗价值浓度的标准,偏硅酸含量达到了矿水浓度标准,并且地热水温度均大于 25 ℃(见表 5-2 和表 5-3),具有一定的医疗效果。

表 5-2　第一热储层医疗热矿水评价表　　　　(单位：mg／L)

| 项目 | 标准 | | | 评价意见 | | |
|---|---|---|---|---|---|---|
| | 有医疗价值浓度 | 矿水浓度 | 命名矿水浓度 | 范围值 | 平均值 | 评价结果 |
| 二氧化碳 | 250 | 250 | 1 000 | 0～21.82 | 6.67 | 无医疗价值 |
| 氟 | 1 | 2 | 2 | 0.1～2.0 | 0.51 | 局部具医疗价值 |
| 溴 | 5 | 5 | 25 | 0.1～0.48 | | 无医疗价值 |
| 碘 | 1 | 1 | 5 | 0.05～0.15 | | 无医疗价值 |
| 锶 | 10 | 10 | 10 | 0.215～1.03 | 0.55 | 无医疗价值 |
| 铁 | 10 | 10 | 10 | 0.01～0.328 | 0.2 | 无医疗价值 |
| 锂 | 1 | 1 | 5 | 0.01～0.028 | | 无医疗价值 |
| 钡 | 5 | 5 | 5 | 0.069～0.14 | | 无医疗价值 |
| 锰 | 1 | | | <0.05 | | 无医疗价值 |
| 偏硼酸 | 1.2 | 5 | 50 | 0.14～2.03 | 0.47 | 局部具医疗价值 |
| 偏硅酸 | 25 | 25 | 50 | 25.99～40.3 | 26.5 | 具矿水浓度,具医疗价值 |

表 5-3　第二热储层医疗热矿水评价表　　　　(单位：mg／L)

| 项目 | 标准 | | | 评价意见 | | |
|---|---|---|---|---|---|---|
| | 有医疗价值浓度 | 矿水浓度 | 命名矿水浓度 | 范围值 | 平均值 | 评价结果 |
| 二氧化碳 | 250 | 250 | 1 000 | 0～7.81 | 2.56 | 无医疗价值 |
| 氟 | 1 | 2 | 2 | 0.36～1.056 | 0.89 | 局部具医疗价值 |
| 溴 | 5 | 5 | 25 | 0.08～0.72 | 0.25 | 无医疗价值 |
| 碘 | 1 | 1 | 5 | 0～0.49 | | 无医疗价值 |
| 锶 | 10 | 10 | 10 | 0.2～0.76 | 0.39 | 无医疗价值 |
| 铁 | 10 | 10 | 10 | 0.01～0.52 | 0.22 | 无医疗价值 |
| 锂 | 1 | 1 | 5 | 0.009～0.19 | 0.04 | 无医疗价值 |
| 钡 | 5 | 5 | 5 | <0.1 | <0.1 | 无医疗价值 |
| 锰 | 1 | 1 | | 0.01～0.032 | | 无医疗价值 |
| 偏硼酸 | 1.2 | 5 | 50 | 0.08～7.79 | 1.62 | 局部具有医疗价值 |
| 偏硅酸 | 25 | 25 | 50 | 26.0～36.4 | 29.41 | 具矿水浓度,具医疗价值 |

## 5.5.2 饮用热矿水评价

矿泉水中含有十几种人体必需的钾、钠、钙、镁、重碳酸根、硫酸根、氯等宏量元素和锂、锶、锌、溴、铜、硒等对人体有益的微量元素。其中 18 种微量元素是人体必需的或可能必需的，占目前人体必需营养种类的 95% 以上。根据《饮用天然矿泉水》(GB8537—1995)，沉积盆地型地热水中锶含量和偏硅酸含量达到了《饮用天然矿泉水》标准中规定含量的指标。各限量指标除个别井中氟化物超标外均符合规定，污染物除少数井中亚硝酸盐超标外均满足要求，微生物指标符合规定(见表 5-4)，所以沉积盆地型地热水可制成高级饮料。

**表 5-4　沉积盆地型地热水饮用热矿水评价表**　　　　　(单位：mg / L)

| 指标 | 项目 | 标准 | 第一热储层 | | 第二热储层 | |
|---|---|---|---|---|---|---|
| | | | 范围 | 评价结果 | 范围 | 评价结果 |
| 界限指标 | 锂 | ≥0.2 | 0～0.028 | 未达标 | 0.002～0.002 8 | 未达标 |
| | 锶 | ≥0.2 | 0.21～1.03 | 达标 | 0.2～0.84 | 达标 |
| | 锌 | ≥0.2 | 0.005～0.05 | 未达标 | <0.01～0.05 | 未达标 |
| | 溴化物 | ≥1.0 | 0.02～0.48 | 未达标 | <0.04～0.72 | 未达标 |
| | 碘化物 | ≥0.2 | 0.001～0.15 | 未达标 | 0～0.3 | 未达标 |
| | 偏硅酸 | ≥25.0 | 25.99～45.06 | 达标 | 26～36.4 | 达标 |
| | 硒 | ≥0.01 | 0.000 1～0.002 | 未达标 | <0.000 02～0.1 | 仅一眼井达标 |
| | 游离 $CO_2$ | ≥250 | 1.95～37.19 | 未达标 | 0～10.46 | 未达标 |
| | 溶解性总固体 | ≥1 000 | 450～1 069.66 | 仅一眼井达标 | 504.82～1 555.49 | 仅少数井达标 |
| 限量指标 | 锂 | <5.0 | 0～0.028 | 未超标 | 0.002～0.002 8 | 未超标 |
| | 锶 | <5.0 | 0.21～1.03 | 未超标 | 0.2～0.84 | 未超标 |
| | 碘化物 | <0.5 | 0.001～0.15 | 未超标 | 0～0.3 | 未超标 |
| | 锌 | <5.0 | 0.005～0.05 | 未超标 | <0.01～0.05 | 未超标 |
| | 铜 | <1.0 | <0.01 | 未超标 | <0.01 | 未超标 |
| | 钡 | <0.7 | <0.1 | 未超标 | <0.1 | 未超标 |
| | 镉 | <0.01 | <0.01 | 未超标 | <0.01 | 未超标 |
| | 铬 | <0.05 | <0.01 | 未超标 | <0.01 | 未超标 |
| | 铅 | <0.01 | <0.01 | 未超标 | <0.01 | 未超标 |
| | 汞 | <0.001 | 0.000 01～0.000 2 | 未超标 | <0.000 05 | 未超标 |
| | 银 | <0.05 | <0.01 | 未超标 | <0.01 | 未超标 |
| | 偏硼酸 | <30 | 0.14～2.03 | 未超标 | 0.04～7.79 | 未超标 |
| | 硒 | <0.05 | 0.000 1～0.002 | 未超标 | <0.000 02～0.1 | 少数超标 |
| | 砷 | <0.05 | <0.01 | 未超标 | <0.01 | 未超标 |
| | 氟化物 | <2.0 | 0.1～2.0 | 仅一眼井超标 | <0.1～1.36 | 未超标 |
| | 耗氧量 | <3.0 | 0～1.2 | 未超标 | 0.04～0.93 | 未超标 |
| | 硝酸盐 | <45.0 | 0.54～43.85 | 未超标 | 0～42.38 | 未超标 |
| | 226 镭 | <1.1Bq / L | 0.001 7～0.035 | 未超标 | 0.002～0.021 | 未超标 |

续表 5-4

| 指标 | 项目 | 标准 | 第一热储层 | | 第二热储层 | |
|---|---|---|---|---|---|---|
| | | | 范围 | 评价结果 | 范围 | 评价结果 |
| 污染物指标 | 挥发性酚 | <0.002 | <0.002 | 未超标 | <0.002 | 未超标 |
| | 氰化物 | <0.01 | <0.006 | 未超标 | <0.001 | 未超标 |
| | 亚硝酸盐 | <0.005 | 0～0.22 | 部分超标 | 0～0.048 | 部分超标 |
| | 总 $\beta$ | <1.5 Bq/L | 0.01～0.27 | 未超标 | 0.02～0.14 | 未超标 |
| 微生物指标 | 细菌总数 | <5 cfu/mL | 据矿泉水资料均不超标 | | 据矿泉水资料均不超标 | |
| | 大肠菌群 | 0 个/100 mL | | | | |

### 5.5.3 饮用水评价

郑州市区地热水，具有无色透明、味甘甜、水质洁净的物理特征，并含有人体需要的多种有益成分，维持人体身体平衡，其浓度满足人体所需要的浓度。人体由 60 多种元素构成，其中大部分是重量不到体重 1% 的微量元素。人体对微元素的摄取，既不能过多，也不宜过少。过多或过少都会给人体造成负作用，发生病变。例如镁是人体的一种必需元素，缺镁引起心肌病变，造成心肌纤维灶坏死等症状，过多则会引起钙自体内丧失。又如氟也是人体不可缺少的元素，适量的氟对人体有益，可预防血管钙化，低氟水还要进行氟化，高氟水要进行处理。因为长期饮用高氟水，轻者发生氟齿斑，重者为氟骨症，易发生骨折、弯曲、瘫痪以至丧失劳动力。

根据《生活饮用水标准》(GB5749—1985)，对沉积盆地型地热水进行生活饮用水评价。评价结果见表 5-5。

表 5-5　沉积盆地型地热水生活饮用水评价　　　　　　(单位：mg/L)

| 指标 | 项目 | 标准 | 第一热储层 | | 第二热储层 | |
|---|---|---|---|---|---|---|
| | | | 范围 | 评价结果 | 范围 | 评价结果 |
| 感官和化学指标 | 色 | <15 度 | <15 度 | 未超标 | <15 度 | 未超标 |
| | 浑浊度 | <3 度 | <3 度 | 未超标 | <3 度 | 未超标 |
| | 臭和味 | 无 | 无 | 未超标 | 无 | 未超标 |
| | 肉眼可见物 | 无 | 无 | 未超标 | 无 | 未超标 |
| | pH | 6.5～8.5 | 7.2～8.56 | 少数超标 | 7.3～8.87 | 少数超标 |
| | 总硬度 | <450 | 12.06～330.08 | 未超标 | 31～335 | 未超标 |
| | 铁 | <0.3 | 0.01～1.4 | 少数超标 | 0.01～0.68 | 少数超标 |
| | 锰 | <0.1 | <0.01 | 未超标 | <0.01 | 未超标 |
| | 铜 | <1.0 | <0.01 | 未超标 | <0.01 | 未超标 |
| | 锌 | <1.0 | 0.005～0.05 | 未超标 | 0.01～0.05 | 未超标 |
| | 挥发性酚 | <0.002 | <0.002 | 未超标 | <0.002 | 未超标 |
| | 阴离子合成洗涤剂 | <0.3 | | | | |
| | 硫酸盐 | <250 | 7.7～208.45 | 未超标 | 42.75～465.78 | 少数超标 |
| | 氯化物 | <250 | 7.8～54.08 | 未超标 | 12.05～264.46 | 少数超标 |
| | 溶解性总固体 | <1 000 | 450～1 069.66 | 仅一眼井超标 | 504.82～1 555.49 | 仅少数井超标 |

续表 5-5

| 指标 | 项目 | 标准 | 第一热储层 | | 第二热储层 | |
|---|---|---|---|---|---|---|
| | | | 范围 | 评价结果 | 范围 | 评价结果 |
| 毒理学指标 | 氟化物 | <1.0 | 0.1~2.0 | 少数超标 | <0.1~1.36 | 少数超标 |
| | 氰化物 | <0.05 | <0.006 | 未超标 | <0.001 | 未超标 |
| | 砷 | <0.05 | <0.01 | 未超标 | <0.01 | 未超标 |
| | 硒 | <0.01 | 0.000 1~0.002 | 未超标 | <0.000 02~0.1 | 少数超标 |
| | 汞 | <0.001 | 0.000 01~0.000 2 | 未超标 | <0.000 05 | 未超标 |
| | 镉 | <0.01 | <0.01 | 未超标 | <0.01 | 未超标 |
| | 铬 | <0.05 | <0.01 | 未超标 | <0.01 | 未超标 |
| | 铅 | <0.05 | <0.01 | 未超标 | <0.01 | 未超标 |
| | 银 | <0.05 | <0.01 | 未超标 | <0.01 | 未超标 |
| | 硝酸盐 | <20 | 0.54~43.85 | 少数超标 | 0~42.38 | 少数超标 |
| | 氯仿 | <60 | | | | |
| | 四氯化碳 | <3 | | | | |
| | 苯并芘 | <0.01 | | | | |
| | 滴滴涕 | <1 | | | | |
| | 六六六 | <5 | | | | |
| 细菌学指标 | 细菌总数 | <100 个/mL | | 据矿泉水资料均不超标 | | 据矿泉水资料均不超标 |
| | 总大肠菌群 | <3 个/100 mL | | | | |
| | 游离余氯 | | | | | |
| 放射性指标 | 总 $\alpha$ | 0.1 Bq/L | 0.001 93~0.027 | 未超标 | | 未超标 |
| | 总 $\beta$ | 1 Bq/L | 0.01~0.27 | 未超标 | 0.02~0.14 | 未超标 |

### 5.5.4 农业灌溉用水评价

采用地下热水可以灌溉农田,郑州市区仅在市区西南用浅井(井深小于350 m)热水实施了部分农田灌溉。根据《农田灌溉水质标准》,结合水质分析资料,对断裂型地热水、沉积盆地型地热水进行农田灌溉水质评价(见表5-6、表5-7、表5-8)。从表中可以看出,断裂型地热水除部分井温度较高外,其他成分均符合农业灌溉用水标准;第一热储层地热水除部分井温较高、硼局部超标外,其他成分均符合农业灌溉用水标准;而第二热储层地热水中超标的项目有水温、全盐量、氯化物、硒、硼,其他均不超标,符合农业灌溉用水标准。

表 5-6　断裂型地热水农田灌溉水质评价表　　　（单位：mg／L）

| 项目 | 标准值 | | | 范围值 | 评价意见 |
|---|---|---|---|---|---|
| | 水作物 | 旱作物 | 蔬菜 | | |
| 水温 | <35 | | | 24～44 | 部分水井出口温度大于35℃，需冷却后灌溉 |
| pH | 5.5～8.5 | | | 6.95～7.45 | 基本符合标准 |
| 全盐量 | <1 000 | | | 381～822.89 | 符合标准 |
| 氯化物 | <250 | | | 6.74～30.84 | 符合标准 |
| 总汞 | <0.001 | | | <0.000 1 | 符合标准 |
| 总镉 | <0.005 | | | <0.005 | 符合标准 |
| 总砷 | 0.05 | 0.1 | 0.05 | <0.01 | 符合标准 |
| 铬 | <0.1 | | | <0.005 | 符合标准 |
| 总铅 | <0.1 | | | <0.05 | 符合标准 |
| 总铜 | <1.0 | | | <0.05 | 符合标准 |
| 总锌 | <2.0 | | | 0.005～0.4 | 符合标准 |
| 总硒 | <0.02 | | | 0～0.002 1 | 符合标准 |
| 氟化物 | <3.0 | | | 0.1～1.0 | 符合标准 |
| 氰化物 | <0.5 | | | <0.006 | 符合标准 |
| 挥发酚 | <2.5 | | | <0.002 | 符合标准 |
| 硼 | <1.0 | <2.0 | <3.0 | 0.13～0.28 | 符合标准 |

表 5-7　第一热储层地热水农田灌溉水质评价表　　　（单位：mg／L）

| 项目 | 标准值 | | | 范围值 | 评价意见 |
|---|---|---|---|---|---|
| | 水作物 | 旱作物 | 蔬菜 | | |
| 水温 | <35 | | | 25～40.5 | 部分水井出口温度大于35℃，需冷却后灌溉 |
| pH | 5.5～8.5 | | | 7.2～8.56 | 符合标准 |
| 全盐量 | <1 000 | | | 450～1 069.66 | 符合标准 |
| 氯化物 | <250 | | | 7.8～54.08 | 符合标准 |
| 总汞 | <0.001 | | | 0.000 01～0.000 2 | 符合标准 |
| 总镉 | <0.005 | | | <0.01 | 符合标准 |
| 总砷 | 0.05 | 0.1 | 0.05 | <0.01 | 符合标准 |
| 铬 | <0.1 | | | <0.01 | 符合标准 |
| 总铅 | <0.1 | | | <0.01 | 符合标准 |
| 总铜 | <1.0 | | | <0.01 | 符合标准 |
| 总锌 | <2.0 | | | 0.005～0.05 | 符合标准 |
| 总硒 | <0.02 | | | 0.000 1～0.002 | 符合标准 |
| 氟化物 | <3.0 | | | 0.1～2.0 | 符合标准 |
| 氰化物 | <0.5 | | | <0.006 | 符合标准 |
| 挥发酚 | <2.5 | | | <0.002 | 符合标准 |
| 硼 | <1.0 | <2.0 | <3.0 | 0.14～2.03 | 局部超标 |

表 5-8　第二热储层地热水农田灌溉水质评价表　　　　(单位：mg/L)

| 项目 | 标准值 | | | 范围值 | 评价意见 |
|---|---|---|---|---|---|
| | 水作物 | 旱作物 | 蔬菜 | | |
| 水温 | <35 | | | 35～58 | 水井出口温度大于35℃，需冷却后灌溉 |
| pH | 5.5～8.5 | | | 7.3～8.87 | 符合标准 |
| 全盐量 | <1 000 | | | 504.82～1 555.49 | 局部超标 |
| 氯化物 | <250 | | | 12.05～264.46 | 局部超标 |
| 总汞 | <0.001 | | | <0.000 05 | 符合标准 |
| 总镉 | <0.005 | | | <0.01 | 符合标准 |
| 总砷 | 0.05 | 0.1 | 0.05 | <0.01 | 符合标准 |
| 铬 | <0.1 | | | <0.01 | 符合标准 |
| 总铅 | <0.1 | | | <0.01 | 符合标准 |
| 总铜 | <1.0 | | | <0.01 | 符合标准 |
| 总锌 | <2.0 | | | 0.01～0.05 | 符合标准 |
| 总硒 | <0.02 | | | 0.000 02～0.1 | 局部超标 |
| 氟化物 | <3.0 | | | 0.1～1.36 | 符合标准 |
| 氰化物 | <0.5 | | | <0.001 | 符合标准 |
| 挥发酚 | <2.5 | | | <0.002 | 符合标准 |
| 硼 | <1.0 | <2.0 | <3.0 | 0.04～7.79 | 局部超标 |

### 5.5.5　渔业用水评价

采用地下热水养鱼，已在市区有部分单位使用。根据《渔业水质标准》(GB11607—1989)，工作区沉积盆地型地热水用于渔业水质评价见表 5-9。从表中可以看出，地下热水水质总体符合渔业用水水质标准，适合用热水养鱼。

表 5-9　沉积盆地型地热水渔业水质评价表　　　　(单位：mg/L)

| 项目 | 标准 | 深层地下热水 | | 超深层地下热水 | |
|---|---|---|---|---|---|
| | | 范围 | 评价结果 | 范围 | 评价结果 |
| pH | 6.5～8.5 | 7.2～8.56 | 基本符合标准 | 7.3～8.87 | 基本符合标准 |
| 汞 | ≤0.000 5 | 0.000 01～0.000 2 | 符合标准 | <0.000 05 | 符合标准 |
| 镉 | ≤0.005 | <0.01 | 分析精度低 | <0.01 | 分析精度低 |
| 铅 | ≤0.05 | <0.01 | 符合标准 | <0.01 | 符合标准 |
| 铬 | ≤0.1 | <0.01 | 符合标准 | <0.01 | 符合标准 |
| 铜 | ≤0.01 | <0.01 | 符合标准 | <0.01 | 符合标准 |
| 锌 | ≤0.1 | 0.005～0.05 | 符合标准 | <0.01～0.05 | 符合标准 |
| 镍 | ≤0.05 | <0.05 | 符合标准 | <0.03 | 符合标准 |
| 砷 | ≤0.05 | <0.01 | 符合标准 | <0.01 | 符合标准 |
| 氰化物 | ≤0.005 | 0～0.007 | 局部超标 | <0.001 | 符合标准 |
| 氟化物 | ≤1.0 | 0.1～2.0 | 局部超标 | <0.1～1.36 | 局部超标 |
| 挥发性酚 | ≤0.002 | <0.002 | 符合标准 | <0.002 | 符合标准 |

### 5.5.6　工业用水评价

工作区地热水的硬度均小于 350 mg／L，属微硬水；pH 值为 7.2～8.87，属弱碱性水；耗氧量 0～0.93 mg／L，小于 1 mg／L，属耗氧量很低的水。地热水的成垢作用低，锅垢总量第一热储层地热水为 83.56 mg／L、第二热储层地热水为 100 mg／L，锅垢很少；硬垢系数深层热水第一热储层地热水为 0.42、第二热储层地热水为 0.5，属中等沉淀物水；起泡系数第一热储层地热水为 312.8、第二热储层地热水为 624.7，为起泡的水；腐蚀系数第一热储层地热水为–5.6、第二热储层地热水为–7.5，属非腐蚀性水，局部属腐蚀性水和半腐蚀性水，而且对混凝土无侵蚀性，作为工业锅炉用水，地热水水质好。但郑州老黄河桥—南大堤内一带，腐蚀系数达 8.56，属腐蚀性水。

根据《锅炉用水水质标准》，评价标准见表 5-10。工作区工业用水水质计算结果见表 5-11 和表 5-12。

#### 表 5-10　锅炉用水水质评价标准

| 水垢作用 | | | | 起泡作用 | | 腐蚀作用 | |
|---|---|---|---|---|---|---|---|
| 锅垢总量 $H_0$(mg／L) | 水质类型 | 硬垢系数 $K_h$ | 水质类型 | 起泡系数 $F$ | 水质类型 | 腐蚀系数 $K_k$ | 水质类型 |
| $H_0<125$ | 锅垢很少 | $K_h<0.25$ | 软沉淀物水 | $F<60$ | 不起泡的水 | $K_k>0$ | 腐蚀性水 |
| $125\leqslant H_0<250$ | 锅垢较少 | $0.25\leqslant K_h<0.50$ | 中等沉淀物水 | $60\leqslant F<200$ | 半起泡的水 | $K_k<0$ 但 $K_k+0.050\,3[Ca^{2+}]>0$ | 半腐蚀性水 |
| $250\leqslant H_0<500$ | 锅垢较多 | $K_h\geqslant0.5$ | 硬沉淀物水 | $F\geqslant200$ | 起泡的水 | $K_k<0$ 但 $K_k+0.050\,3[Ca^{2+}]<0$ | 半腐蚀性水 |
| $H_0\leqslant500$ | 锅垢很多 | | | | | | |

#### 表 5-11　第一热储层地热水用于工业用水水质计算表

| 井号 | 位置 | 井深 (m) | 锅垢总量 $H_0$(mg／L) | 硬垢系数 $K_h$ | 起泡系数 $F$ | 腐蚀系数 $K_k$ | $K_k+0.050\,3[Ca^{2+}]$ |
|---|---|---|---|---|---|---|---|
| S1 | 星光机械厂 | 465.5 | 263.1 | 0.3 | 126.0 | –3.1 | –0.03 |
| S38 | 郑州铁路局 | 700.1 | 147.6 | 0.31 | 570.1 | –4.4 | –3.3 |
| S66 | 地质公司 | 671.5 | 178.7 | 0.26 | 263.1 | –4.5 | –2.3 |
| S77 | 市地税局 | 800.0 | 69.6 | 0.44 | 495.3 | –5.6 | –4.9 |
| S67 | 移民局 | 800.0 | 40.6 | 0.71 | 770.7 | –9.8 | –9.4 |
| S58 | 东区热电厂 | 750.0 | 62.5 | 0.38 | 469.7 | –5.9 | –5.3 |
| S59 | 祥和电力集团 | 726.56 | 91.5 | 0.42 | 205.6 | –4.0 | –3.3 |
| S76 | 华垦实业 | 700.1 | 175.0 | 0.31 | 296.1 | –4.8 | –2.7 |
| S75 | 博大实业 | 500.0 | 106.4 | 0.41 | 386.3 | –5.3 | –4.3 |
| S6 | 郑热电厂 | 550 | 95.3 | 0.38 | 352.4 | –5.1 | –5.0 |
| S43 | 中原汽贸 | 801 | 43.6 | 0.61 | 521.6 | –7.1 | –6.8 |

续表 5-11

| 井号 | 位置 | 井深 (m) | 锅垢总量 $H_0$(mg／L) | 硬垢系数 $K_h$ | 起泡系数 $F$ | 腐蚀系数 $K_k$ | $K_k$+0.050 3[Ca$^{2+}$] |
|---|---|---|---|---|---|---|---|
| S14 | 铁路局生活服务中心 | 785.2 | 96.3 | 0.39 | 443.6 | −5.0 | −3.9 |
| S33 | 省财政厅 | 884.0 | 99.4 | 0.35 | 466.6 | −6.4 | −5.1 |
| S63 | 省教委家属院 | 881.56 | 46.8 | 0.61 | 576.6 | −7.1 | −6.8 |
| S78 | 省体育馆 | 912.27 | 66.3 | 0.32 | 396.7 | −5.1 | −4.3 |
| S53 | 豫龙康乐园 | 750 | 56.0 | 0.47 | 323.4 | −5.9 | −5.4 |
| S74 | 庆丰街 14 号 | 785.2 | 99.9 | 0.39 | 214.1 | −4.9 | −3.9 |
| S68 | 省地税局 | 801.25 | 49.7 | 0.54 | 326.1 | −8.7 | −8.3 |
| S69 | 人民路 2 号 | 661.67 | 141.4 | 0.35 | 187.6 | −4.1 | −2.5 |
| | 最大值 | | 263.1 | 0.71 | 770.7 | −3.1 | −0.03 |
| | 最小值 | | 40.6 | 0.26 | 126.0 | −9.8 | −9.4 |
| | 平均值 | | 83.56 | 0.42 | 312.8 | −5.6 | −4.6 |

表 5-12　第二热储层地热水用于工业用水水质计算表

| 井号 | 位置 | 井深 (m) | 锅垢总量 $H_0$(mg／L) | 硬垢系数 $K_h$ | 起泡系数 $F$ | 腐蚀系数 $K_k$ | $K_k$+0.050 3[Ca$^{2+}$] |
|---|---|---|---|---|---|---|---|
| C16 | 南阳路物资站 | 991.5 | 314.0 | 0.37 | 146.4 | −3.53 | 1.44 |
| C8 | 华北水利水电学院 | 1 012.2 | 51.3 | 0.60 | 635.4 | −8.41 | −4.99 |
| C43 | 丰乐葵园 | 1 000.0 | 94.2 | 0.38 | 1 133.4 | 8.56 | 9.56 |
| C6 | 柳林村委 | 1 300.0 | 92.8 | 0.32 | 661.6 | −8.4 | −8.0 |
| C10 | 口味工厂 | 1 120.0 | 57.5 | 0.50 | 631.7 | −8.7 | −8.3 |
| C41 | 郑州师范高专 | 1 200.0 | 55.8 | 0.52 | 598.2 | −7.7 | −7.3 |
| C37 | 同乐小区 | 1 091.18 | 91.3 | 0.29 | 767.6 | −9.0 | −8.7 |
| C18 | 水利厅 | 1 010.0 | 47.3 | 0.48 | 350.4 | −4.0 | −3.6 |
| C44 | 东区热电厂 | 1 506.0 | 52.44 | 0.69 | 730.6 | −9.1 | −8.8 |
| C45 | 国土资源厅 | 1 100.0 | 53.22 | 0.84 | 591.4 | −7.0 | −6.7 |
| | 最大值 | | 314.0 | 0.84 | 1 133.4 | 8.56 | 9.56 |
| | 最小值 | | 47.3 | 0.29 | 146.4 | −3.53 | −8.7 |
| | 平均值 | | 100.0 | 0.50 | 624.7 | −7.5 | −4.5 |

## 5.6　地热矿水(泉)分类与医疗作用

　　矿泉不一定都是温泉，温泉也不都是矿泉。矿泉是指泉水中所含的盐类成分、矿化度、气体成分、微量元素以及放射性成分达到或超过规定值的泉水；而温泉是依泉水温度高低来划分和界定的。我国对温泉分类作出规定：25 ℃以下叫"冷泉"；25～33 ℃叫"微泉"；34～37 ℃叫"温泉"；38～42 ℃叫"热泉"；43 ℃以上叫"高热泉"。按其水质的特点共分为 12 类，即氡泉、碳酸泉、硫化氢泉、铁泉、碘泉、溴泉、砷泉、硅酸泉、重碳酸盐泉、硫酸盐泉、氯化物泉和淡泉。

### 5.6.1    放射性氡泉(镭射泉)

放射性氡泉是指在 1 L 泉水中，氡气的含量在 3 贝可(Bq)以上者。

在矿泉疗法中，放射性氡泉占有很重要的地位。人体神经细胞对放射性辐射有亲和力，对放射性辐射非常敏感，所以氡水浴能使神经系统表面兴奋。许多研究证实，在氡浴中，氡及其分解物的辐射作用能使机体组织发生结构变化，如黏性降低、光谱吸收加强以及 pH 值变化等。此外，辐射对碳水化合物代谢及脂肪代谢也有一定影响。氡进入人体主要通过三种形式发生医疗作用：①在皮肤上形成放射性活性薄膜，能对机体产生刺激作用；②氡穿透皮肤或黏膜进入人体，进而随血液分布到全身器官组织，起治疗作用；③经呼吸道进入体内，再从呼吸器官途径排出体外，起治疗作用。

氡泉治疗的适应症主要有：①浴用疗法适应症有高血压病、冠心病、闭塞性动脉内膜炎、心肌炎、温性关节炎、亚急性风湿及类风湿性关节炎、外伤性关节炎、慢性脊椎炎、周围神经炎、脊髓神经根炎、坐骨神经痛、各种麻痹、痛风、糖尿病、慢性附件炎、更年期综合征、不孕症、牛皮癣、慢性湿疹、神经性皮炎、过敏性皮炎等。②吸入疗法适应症，配合浴用可以治疗支气管炎、神经痛、偏头痛、末梢神经炎等。③饮用疗法适应症有痛风、尿结石、风湿病、神经痛、胃痉挛、胃及十二指肠溃疡、习惯性便秘、胆石症、消化不良、慢性胆囊炎等。

氡溶于水又不太稳定，易由水中逸出，所以在抽水、加温、分装氡水时应严格其操作规程，制定尽量保持氡气及其分离产物的方法和条件。

### 5.6.2    碳酸泉

碳酸泉是指在 1 L 泉水中，碳酸气($HCO_3$)的含量超过 1 g 以上者。碳酸泉是医疗矿泉中价值很高的一种矿泉。我国目前比较有名的碳酸泉是辽宁省魏口矿泉及黑龙江省 5 大连池矿泉。前者碳酸气的含量是 2.073 g／L，后者含量是 1.814 g／L。

碳酸泉对心血管疾病有较显著疗效，对肥胖病以及各种代谢障碍疾病也有良好的效果。碳酸浴时，碳酸气对皮肤知觉神经给予最特殊的刺激，所以浴后即感到温暖、愉快、轻松。碳酸浴能使皮肤血管高度扩张，使循环血量平均增加30%。它还能增加静脉张力，使静脉血向心回流。碳酸浴还能起降低动脉压的作用。这是由于周围血管扩张、阻力减小所致。饮用碳酸泉水时，由于能刺激胃黏膜使其充血而增强胃的血液循环，有促进胃液中游离盐酸分泌作用。它还能促进胃肠蠕动，增进通便，有助消化，所以也有增强食欲作用。饮用碳酸泉水又有明显增加肾脏的水分排出，因而还有利尿作用。

碳酸浴因温度越低其疗效越显著(泉温越高碳酸气逸出越多)，所以治疗时一般采用较低温而后继续降低温度的办法。

碳酸泉疗法的适应症主要有：①浴用疗法适应症，Ⅰ～Ⅱ度循环机能不全、Ⅰ～Ⅱ期高血压、轻度冠心病、心肌炎、周围循环障碍、血管痉挛、雷诺氏病、血栓形成后遗症、坐骨神经痛、多发性神经炎、慢性盆腔炎、创伤等。②饮用疗法适应症，慢性胃炎、胃酸减少、慢性便秘、轻度血管硬化等。③吸入疗法适应症，支气管哮喘、过敏性鼻炎。

### 5.6.3    硫化氢泉

硫化氢泉是指在 1 L 泉水中总硫量($H_2S+HS+SO_2+S+SO_3$)含量在 10 mg 以上。其中硫化氢含量＜50 mg／L 为弱硫化氢泉；50～100 mg／L 为中浓度硫化氢泉；100～250 mg／L

为高浓度硫化氢泉；250 mg／L 以上称为极高浓度硫化氢泉。硫化氢泉的主要医疗作用是其中所含硫化氢$(H_2S)$作用所致。

硫化氢浴对皮肤产生刺激，通过接触皮肤上皮形成硫化碱。硫化碱具有皮肤软化和溶解角质作用。此作用并可深入皮肤深部，故对慢性皮肤病有良好作用。硫化氢进入皮肤后，刺激皮肤内神经末梢和血管内感受器，促使皮肤产生组胺等物质。这些物质作用于皮肤血管，使皮肤血管明显充血扩张，故在皮肤上出现境界明显的发红，这种发红现象比碳酸浴及其他浴疗皆明显。

在中高浓度硫化氢浴时，由于皮肤血管扩张，皮肤血量和循环血量都增加，故对血压有神经调节正常化作用。硫化氢泉浴还对呼吸、神经系统及肾功能产生影响。

硫化氢泉疗法的适应症主要有：①浴用疗法适应症，循环机能不全疾病、早期脑血管硬化病、感染性脑膜炎后遗症、植物神经紊乱症、坐骨神经痛、多发性神经炎、慢性风湿性关节炎、亚急性风湿性及类风湿性关节炎、肌纤维组织炎、骨关节病、骨与关节损伤后运动障碍、慢性附件炎、慢性盆腔炎、湿疹、牛皮癣、荨麻疹、神经性皮炎、皮肤瘙痒症、金属中毒、创伤、糖尿病、慢性胃炎、慢性支气管炎等。②饮用疗法适应症，慢性胃炎、习惯性便秘、慢性胆囊炎、胆石症、慢性汞与铅及砷中毒、糖尿病等。吸入时适合气管炎、支气管炎、支气管哮喘、肺气肿等。

### 5.6.4　铁泉

铁泉是指在 1 L 泉水中，铁离子$(Fe^{2+}+Fe^{3+})$含量在 10 mg 以上者。自然涌出的矿泉，一般皆含有 $Fe^{2+}$盐，但几乎不含 $Fe^{3+}$盐。

铁泉主要适于饮用及浴用，多以饮用治疗内科疾病，主要是对贫血有良好疗效。

内饮铁泉水恰如临床医师应用铁制剂治疗贫血的道理一样，在治疗贫血时容易吸收又能促进造血机能的主要是二价铁离子$(Fe^{2+})$。一般天然的铁泉含有铁盐又多是二价铁离子，故将其作为贫血治疗方法而进行饮用是更合理的。铁泉是极稀薄的溶液，对胃肠黏膜刺激又很轻微，并无副作用，故它是治疗贫血的良好药剂。

浴用时铁盐几乎不透过皮肤机体吸收，只有在铁离子状态时方能透过皮肤被机体吸收。铁泉的收敛作用更明显，为此，浴用对皮肤病及妇女生殖器黏膜病颇为有效。

铁泉疗法的适应症主要有：①饮用疗法适应症，各种贫血、慢性失血性贫血、寄生虫贫血、萎黄病、病后体质虚弱、慢性妇科疾病、慢性皮肤病等。②浴用疗法适应症，慢性皮肤病、慢性风湿病、慢性贫血、神经官能症、慢性妇科病、下肢溃疡、各类疾病恢复期、营养不良等。

### 5.6.5　碘泉

碘泉是指在 1 L 泉水中，碘（Ｉ）含量在 5 mg 以上者。碘是以极微量存在于各矿泉中，碘和溴同样经常出现在高矿化度的特别与油田有关的地下热水中，有时每升水中可达到 10 mg 以上。碘除由皮肤吸收外，还可由呼吸器官黏膜吸收，吸收后的碘多存集于甲状腺、脑垂体、肾上腺、卵巢中。碘是生命所必需的物质，缺乏它会导致机体发生严重障碍，碘能明显地激活机体的防御机能，在风湿性关节炎以及淋巴系统中更明显。碘又有促进和吸收作用，在高血压及动脉硬化病中对血管的作用极为明显。碘在各种炎症病灶的积集有显著的促使病变吸收、溶解瘢痕，并能促进组织再生作用。浴后碘又能降低血脂，使脑磷脂明显下降。饮用碘泉亦有促使病变炎症吸收、扩张血管、提高代谢以及刺激支气管分泌稀释痰液而有祛痰作用。

碘泉疗法的适应症主要有：①浴用疗法适应症，动脉硬化、甲状腺机能亢进、风湿性关节疾病、皮肤病。②饮用疗法适应症，月经失调、更年期综合征、高血压、动脉硬化。

### 5.6.6　溴泉

溴泉是指 1 L 泉水中，溴(Br)含量超过 25 mg 以上者。溴也是人体必需的微量元素之一，多出现在血中及垂体前叶。它是构成生命组织重要的物质之一，能抑制中枢神经系统并有镇静作用。

饮用及浴用疗法适应症有神经官能症、植物神经紊乱症、神经病、失眠症等。

### 5.6.7　砷泉

砷泉是指在 1 L 泉水中，砷(As)含量在 0.7 mg 以上者。砷多共同存于氯化铁、硫酸盐类以及碳酸泉水中，它多以+5 价或+2 价形式存在于泉水中，+3 价砷生物活性强，意义较大，+5 价砷的作用慢而小。砷在机体内的作用极其重要，砷与有机硫结合的亲和力大，故它多含于富有硫的器官中，如皮肤、肝。它与有机硫(硫基)的亲和力是砷在机体内的作用基础，故其作用表现在代谢方面，为抑制氧化，使总代谢降低，亦阻断了氢的转移，从而使维生素 D 的活动性减弱，加之+3 价砷本身对甲状腺又有拮抗作用，所以有人认为砷是甲状腺中毒的解毒剂。

### 5.6.8　硅酸泉

硅酸泉指在 1 L 泉水中，硅酸($H_2SiO_3$)含量在 50 mg 以上者。地下热水中的硅酸，主要以偏硅酸和正硅酸的形式出现。

硅酸盐是人体正常生长和骨骼钙化不可缺少的，也是生命不可缺少的元素。浴用时，对皮肤及黏膜有洁净洗涤消退作用。饮用时能缓解动脉硬化，维持动脉弹性，起保护动脉内膜使脂质不能侵入的作用。

硅酸泉疗法的适应症主要有：①浴用疗法适应症，湿疹、牛皮癣、荨麻疹、瘙痒症、阴道炎、附件炎等妇女生殖器官黏膜疾病。②饮用疗法适应症，动脉硬化、心血管病。

### 5.6.9　重碳酸盐泉

重碳酸盐泉是指在 1 L 泉水中总固体成分在 1 g 以上者。其中阴离子主要是重碳酸离子($HCO_3^-$)，阳离子主要是钠、钙、镁，结合时主要形成重碳酸钠、重碳酸钙和重碳酸镁。三者功能有所不同。

#### 5.6.9.1　重碳酸钠泉

浴用时呈碱性反应，能软化和溶解皮肤的表层，有净化皮肤、脂肪、分泌物的作用。饮用时，主要是重碳酸钠能中和胃液中游离盐酸而使胃的酸度减少，或变碱性，故多用于胃酸过多症者。对膀胱炎、肾盂肾炎引起的尿呈强酸性也有良好的作用。

饮用疗法适应症是慢性胃炎、胃酸过多症、胃痉挛、胃及十二指肠溃疡、慢性胆囊炎、胆石症、糖尿病、肥胖病等；吸入疗法适用于咽喉炎、气管炎、支气管炎、支气管哮喘等。

#### 5.6.9.2　重碳酸钙泉

浴用时，钙离子有轻度收敛作用，可干燥皮肤，除去皮脂，对湿润性皮肤病与温性溃疡有效。饮用时，钙离子可通过胃肠黏膜进入血液中，能提高血液的黏血性，降低血管的透过性，有消退炎症的作用。钙又有减弱神经系统的兴奋性与亢进肾上腺素作用，故对植物神经系统有调整功能。饮用这种泉水后，病人尿中尿酸溶解性增高，有利于肾、膀胱尿酸结石的治疗。

浴用疗法适应慢性湿疹、牛皮癣、慢性溃疡等；饮用疗法适应慢性胆囊炎、胆结石、胃酸分泌过多、慢性肠炎、痛风、慢性腹泻等；吸入疗法适应气管炎、支气管炎、过敏性病等。

### 5.6.10　硫酸盐泉

硫酸盐泉是指在 1 L 泉水中，总固体成分大于 1 g 者。其中阴离子主要是硫酸离子（$SO_4^{2-}$），阳离子主要是钠、钙、镁，结合时主要形成硫酸钠。

#### 5.6.10.1　硫酸钠泉

饮用时在临床上与泻剂同样有效。由于泻下作用能使食物迅速从肠管通过，减少食物营养吸收及利用率，成为一种脱脂作用，或称饥饿作用，可协同运动疗法、食饵疗法等治疗肥胖病。

浴用疗法适应症基本与弱氯化钠泉相同；饮用疗法适应习惯性便秘、肥胖症、慢性胆囊炎、糖尿病、胆石症等。

#### 5.6.10.2　硫酸钙泉

浴用时，钙的致密作用和硫酸根的加强代谢作用，能改善嘌呤代谢和尿酸的排出，有利于泌尿系统炎症、磷酸盐结石及肾功能改善。饮用时，也有泻下作用，并有明显的利尿作用。它的适应症有：肾及膀胱结石、泌尿系统炎症、糖尿病、痛风、慢性肠胃炎、创伤、牛皮癣、慢性湿疹、荨麻疹、瘙痒症、痤疮等。

#### 5.6.10.3　硫酸镁泉

硫酸镁在临床上用做泻剂是众所周知的。由于其弥散性小又不被肠管吸收，能使肠内永久保持流动状态，对肠管特别是大肠的蠕动起亢进作用，促使排便。饮用硫酸镁泉有促进胆汁排泄作用，对胆囊、胆管起洗涤作用。

硫酸镁泉以饮用为主，其主要的适应症是习惯性便秘、肥胖病、慢性胆囊炎、胆石症、胆道胆管炎、肠内中毒、荨麻疹等。浴用时疗效与淡泉相同。

### 5.6.11　氯化物泉

氯化物泉是指在 1 L 泉水中，总固体成分在 1 g 以上，其中阴离子主要是氯离子（$Cl^-$），阳离子主要是钠、钙、镁，结合时主要形成氯化钠、氯化钙、氯化镁。

氯化物泉中最常见的是氯化钠泉，亦称食盐泉。其中每升泉水中的氯化钠在 1~5 g 时称弱氯化钠泉，5~15 g 称中等氯化钠泉，15 g 以上称强氯化钠泉。

浓度较低的氯化钠泉无特殊医疗作用。当泉中氯化钠含量在 5 g／L 左右，而总固体成分又高时，其渗透压已达生理盐水水平，此时，应用 36~38 ℃微温浴疗，对创伤、烧伤、痔核、皮肤病等有良好作用。高浓度氯化钠泉浴用时，浴后感到特别温暖，原因是浴后氯化盐附在体表，防止体内水分蒸发。若氯化钠在泉中含量达 10%以上，就应禁止应用。

氯化钠泉疗法的适应症主要有：①浴用适应症，湿疹、牛皮癣、神经性皮炎、皮肤瘙痒症、慢性胃炎、胃酸减少症、胃肠弛缓症、慢性胆囊炎、神经痛、神经炎、神经衰弱、妇科慢性附件炎、不孕症、更年期综合征、创伤、痔核、下肢溃疡、外伤后遗症、慢性风湿痛、肌纤维组织炎、骨关节病、糖尿病、肥胖病、静脉炎等。②饮用适应症，慢性胃炎、胃酸减少症、糖尿病、肥胖病、慢性支气管炎、慢性鼻炎、慢性咽炎、喉炎等。③吸入适应症，鼻炎、咽喉炎、气管炎、支气管炎等。

### 5.6.12　淡泉

淡泉是指在 1 L 泉水中，总固体成分不足 1 g，其他少数微量元素、气体成分、放射性成分与化学成分等皆未达到医疗标准，而矿泉温度在 34 ℃ 以上者而言。

淡泉在医疗上的应用，多以浴用为主，治疗时温度的不同其作用是不相同的，在 34 ~ 36 ℃ 洗浴时起镇静作用。而 40 ~ 44 ℃ 高温浴时又增加了兴奋作用，由于皮肤血管扩张，促进血液及淋巴循环，改善皮肤和神经营养，从而促进新陈代谢。淡泉中存在着丰富的无机触媒，所以淡泉的氧化还原能力具有极其重要的意义。这也是它与地表水的主要差别之一。在动植物的实验中，淡泉对植物的萌芽有抑制作用，对其生长却有促进作用。对动物的胚胎发育和生长亦有影响。

40 ~ 42 ℃ 的高温浴对各种慢性风湿性疾病、神经病、神经炎等病有缓解和镇痛作用，但超过此温度的高热浴却往往使病情加重。此外，应用微温浴的镇静作用，进行长时间(1 至数小时)持续浴治疗神经官能症、植物神经紊乱、精神病亦有良好效果。

## 5.7　郑州市地热资源评价结论

(1)研究区地热位于郑州—开封沉积盆地埋藏型地热田的西南部，地热类型以沉积盆地型(传导型)为主，热储类型为层状热储。热源供给主要为大地热流传导和深部热能沿断裂通道对流两种形式兼而有之，热储分布于郭小寨断层以北地带，分布面积 886.35 km²；其次为断裂深循环型(对流型)，热储类型为受活动性断裂控制的带状热储，热源供给主要为深部热能沿断裂通道对流的形式，分布在郭小寨断层以南，分布面积 103.24 km²。

(2)研究区地热资源的形成与分布，主要受区内构造和基岩埋藏深度的控制。区内控热构造以老鸦陈断层、花园口断层、古荥断层、中牟断层、上街断层、须水断层、尖岗断层、郭小寨断层及三李断层等为主。这些断层均为开启性的张性正断层，它们在某种程度上成为深部地下热水对流、运移和富集的通道。老鸦陈断裂控制区内地热分布最为明显，该断裂控制着市区东北部热储岩性、厚度、热储温度、出水量。郑州市区基岩埋藏深度起伏较大，自西南向东北逐渐增大。

(3)根据地热地质条件，结合目前地热井开采深度，工作区热储划分了三个热储层。①断裂型热储层，分布于尖岗断层西南，热储岩性为奥陶系、寒武系灰岩，热储厚度约 200 m，热储温度 40 ℃。②沉积盆地型第一热储层，为新近系热储，分布于尖岗断裂东北。热储岩性为新近系中细砂层，其顶板埋深一般在 350 ~ 450 m，底板埋深 500 ~ 800 m。热储总厚度 24.3 ~ 226.3 m，平均厚度 155.3 m。热储温度 33 ℃。③沉积盆地型第二热储层，为新近系热储，分布于老鸦陈断层以东、须水断层以北地带，热储岩性为新近系细砂、中细砂，其顶板埋深 807.6 ~ 943.5 m，热储总厚度 86 ~ 187 m，热储温度 45 ℃，是目前郑州市区的主要热储层。

(4)郑州市区沉积盆地型地热盖层分布稳定，厚度大，有利于地热资源的富集与储存。第一热储盖层由新近系黏土岩、各粒级砂岩和第四系松散层组成，其中新近系黏土岩厚度大，第四系厚度 100~200 m，区域上分布稳定；第二热储盖层为新近系黏土岩、各粒级砂岩，其中新近系黏土岩厚度大，厚度多在 400~500 m。

(5)市区沉积盆地热储温度在垂向上表现为随深度增加逐渐递增，一般为 2.6~3.5 ℃/100 m，平均在 3 ℃/100 m 左右。第一热储层温度地温梯度在 2.5~3.5 ℃/100 m，第二热储层地温梯度在 2.7~3.6 ℃/100 m。在热储埋藏深度 500 m 时，热储温度为 27~32 ℃；热储埋藏深度 800 m 时，热储温度为 35~42 ℃；热储埋藏深度 1 200 m 时，热储温度 46~56 ℃。

(6)市区地热水化学成分的变化主要受水—岩作用(主要是化学作用)的控制。在平面上，从补给区向排泄区过渡，溶滤作用逐渐减弱，而浓缩作用逐渐增强，地热水的水化学类型由简单到复杂，即西南三李 $HCO_3$—Ca 型、中部 $HCO_3$—Ca·Mg 型和 $HCO_3$—Ca·Na 型、东北部 $HCO_3$—Na 型、$HCO_3$—$SO_4$·Cl 型；在垂向上，浅部以溶滤作用为主，深部以浓缩作用为主，热水的水化学类型由复杂到简单，即上部以 $HCO_3$—Ca 型为主、中部以 $HCO_3$—Ca·Mg 型和 $HCO_3$—Na·Ca 型为主、深部以 $HCO_3$—Na 型为主，矿化度由低到高。由同位素分析结果看，郑州市西南低山丘陵区主要为工作区地热水的补给区。

(7)根据地热地质条件，分别建立了热储概念模型，采用"热储法"计算地热各热储层地热储量和地热流体储量，采用"最大允许降深法"估算地热流体可采资源量。工作区地热资源储量I区为 $1.38\times10^{18}$ J，$II_1$区为 $6.50\times10^{18}$ J，$II_2$区为 $5.01\times10^{18}$ J，合计 $1.29\times10^{19}$ J；地热流体资源储量I区为 $4.97\times10^{17}$ J，$II_1$区为 $3.78\times10^{18}$ J，$II_2$区为 $3.05\times10^{18}$ J，合计 $1.18\times10^{19}$ J。工作区开采 30 年地热流体可采资源量I区、$II_1$区、$II_2$区分别为 $4.1\times10^8$ $m^3$、$2.84\times10^9$ $m^3$、$1.11\times10^9$ $m^3$，含热量I区、$II_1$区、$II_2$区分别为 $2.92\times10^{16}$ J、$1.78\times10^{17}$ J、$1.17\times10^{17}$ J，折合电能I区、$II_1$区、$II_2$区分别为 8.1 MW、49.4 MW、32.5 MW。

(8)参照有关规范，本次对沉积盆地型地热水进行了地热流体质量评价。该地热水偏硼酸、氟含量局部达到了有医疗价值浓度的标准，偏硅酸含量达到了矿泉水浓度标准，并且地下热水温度均大于 25 ℃，具有一定的医疗效果；锶含量和偏硅酸含量达到了饮用天然矿泉水标准中规定含量的指标，各限量指标除个别井中氟化物超标外均符合规定，污染物除少数井中亚硝酸盐超标外均满足要求，微生物指标符合规定，可制成高级饮料；该地热水除少数成分超标外，可以直接饮用；第一热储层地热水除部分井温较高、硼局部超标外，其他成分均符合农业灌溉用水标准；第二热储层地热水中超标的项目有水温、全盐量、氯化物、硒、硼，其他均不超标，考虑超标因素，不宜进行农业灌溉用水标准；地下热水水质总体符合渔业用水水质标准，适合用热水养鱼；属锅垢很少、中等沉淀物、起泡、非腐蚀性的水，适宜于工业锅炉用水，但郑州老黄河桥—南大堤内一带，因具有腐蚀性，不宜作为工业锅炉用水。

(9)根据郑州市区地热资源分布及开发利用情况，将工作区地热资源保护分区划分为重点保护区、一般保护区和鼓励开发区。

# 第 6 章　深部地热钻探技术研究

## 6.1　深部地热资源钻探工程概念及特点

　　上天、入地、下海洋，是人类的三大梦想。自 1957 年前苏联成功发射了第一颗人造地球卫星以来，人类已对太空进行了无数次成功探索。但人类对地球内部的勘查却因坚硬岩石的阻隔而困难重重。人们对地球内部的认识大多是通过地球物理等方法间接获得的，地表地球物理遥测只能获得近地表的构造影像及深部的推测，这种推测存在"多解性"。随着社会与技术水平的发展，众多领域都涉及"钻探工程"，如地热勘探、石油与天然气勘探、基础与建筑工程、地质勘探与找矿、污水处理工程、核工业、水利水电、航天、环境与灾害等。也就是说人类社会的发展与进步离不开"钻探工程"。为此，随着时代的发展和领域的拓宽，目前把"钻探工程"又称"岩土钻掘工程"、"地质工程"、"地球科学工程"等，这些均可说明钻探工程的重要性！

　　地热资源科学钻探工程，就是通过钻探的手段获得地球大陆内部相关热、矿、水的信息，同时也是获得这些信息的唯一直接途径，使多解性变得"真相大白"。因此，超深层钻探技术和其他勘探技术构成的科学钻探工程被誉为"伸入地球内部的望远镜"。

　　通过地热资源科学钻探对岩石圈进行直接观测，可以揭示大陆地壳的物质组成与结构构造，校正地球物理对地球深部的遥测结果，探索地球深部流体系统、地热情况。同时还可以监测地震活动，揭示地震发生规律，研究全球气候变化及环境变迁，探索地下微生物的分布及发育条件，预防环境及地下水污染，处理核废料，长期观察地球变化等，并可以解决一系列重大基础科学问题。

　　深部钻探是相对于普通水文水井来定义的，没有具体深度概念，它是随着科学技术的发展和当前钻探领域的技术水平而定的一个参照值。目前在郑州 1 200 m 以内的地热井较多，并且施工技术也基本成熟，通常可以把深度为 100～300 m 者称浅井、300～800 m 者称中深井、800～1 200 m 者称深井、大于 1 200 m 者可称超深井。

　　深部地热资源科学钻探工程的主要特点有，①钻井深度超过 1 200 m，从而对钻具、提升、扭矩、泥浆泵、泥浆、固相控制等方面要求较严；②温度和其他一些气体含量较高，有些地区超过 50 ℃时的地下流体和 $CO_2$、$H_2S$ 等有害气体对人体造成一定的威胁，在一些地区由于地质原因会发生井喷并且会对泥浆性能指标产生影响；③地层条件复杂、施工难度大，超深层地热井所钻遇地层除常见的第四系、新近系、古近系外，还常遇到三叠系、二叠系、石炭系、奥陶系、寒武系等，地层特点是易坍塌、易吸水膨胀、漏失(不返浆)等，另外井内事故率高；④一般情况下采用大型石油钻井设备和石油钻井工艺，并采用水泥固井和石油套管，因而投资较高。

## 6.2　主要钻探设备和钻具选型

　　目前国内用于超深层地热钻探的设备主要是石油钻机、水源钻机两种。石油钻机具有配置马力大、效率高等特点。但是，其价格昂贵，并且采用柴油机组做为动力，在城市范围内噪音大、污染严重等。水源钻机具有搬迁安装方便、配置动力较小、价格便宜等特点，突出的问题是钻探效率低、钻探深度小。

为此在钻机配置和选型时采用了石油钻机和水源钻机相结合的原则。当井深在1 300 m以内时选择石家庄煤矿机械厂生产的 TSJ-1000 型水源钻机；当井深在1 300～2 000 m 之间时选择石家庄煤矿机械厂生产的 TSJ-2000 型水源钻机；当钻井深度在2 000～3 000 m 时选择石家庄煤矿机械厂生产的 GZ-3000 型水源钻机；当钻井深度超过3 000 m 时则考虑选择石油钻机。目前在郑州或大部分地区地热钻井多在3 000 m 以内，故仅介绍常用钻探设备。

图 6-1　GZ-3000 型水源钻机

### 6.2.1　常用钻机型号与性能

(1)GZ-3000 型水源钻机　石家庄煤矿机械厂生产，如图 6-1 所示。采用机械传动，部分气控操作，块装式结构，配双电动机或柴油机两种动力装置，绞车采用带式刹车，并配有水刹车，其性能指标见表 6-1。

表 6-1　GZ-3000 型水源钻机主要技术参数表

| 技术参数 | | GZ-3000 型钻机 |
|---|---|---|
| 钻进深度(m) | $\phi$89 钻杆 | 3000 |
| | $\phi$127 钻杆 | 2300 |
| 转盘通径(mm) | | $\phi$45 |
| 转盘转速(正、反)(r / min) | | 43　72　97　163 |
| 转盘扭矩(kN·m) | | 35 |
| 卷扬机单绳慢速提升能力(kN) | | 110 |
| 可配备动力 | 电动机(kW) | 110×2 |
| | 柴油机(马力) | 300 |
| 外形尺寸(长×宽×高)(mm) | | 9 353×4 800×2 290 |
| 主机重量(t)(不含动力部分) | | 26.2 |

(2)TSJ-2000E 型水源钻机　石家庄煤矿机械厂生产。机械传动、转盘式，主要特点是：重心低、传动平稳、密封性能良好、机械拧卸钻具并备有搓扣油缸，另外还配备水刹车装置、辅助抱闸机构，可降低卷筒、闸带的损耗。适用于深井钻进、中深层石油、盐井矿、地热等开采，性能指标见表 6-2。

(3)RPS-3000 型水井钻机　张家口探矿机械总厂生产。机械传动，气动控制的转盘式钻机，主要用于2 500～3 000 m 地热资源和地下水的开发，以及石油、天然气的开发普查。主要特点是：钻进能力大，设备能力储备系数大，两台动力并车，动力匹配合理，操作灵活方便，安全可靠，表 6-3 为 RPS-3000 型水井钻机主要技术参数。

表 6-2　TSJ-2000E 型钻机主要技术参数表

| 技术参数 | | TSJ-2000E 型钻机 |
|---|---|---|
| 钻进深度(m) | $\phi$89 钻杆 | 1 350 |
| | $\phi$73 钻杆 | 2 000 |
| 转盘通径(mm) | | $\phi$660 |
| 转盘转速(正、反)(r/min) | | 37　52　84　145 |
| 转盘扭矩(kN·m) | | 21 |
| 卷扬机单绳慢速提升能力(kN) | | 80 |
| 可配备动力 | 电动机(kW) | 110 |
| | 柴油机(马力) | 150 |
| 外形尺寸(长×宽×高)(mm) | | 4 340×2 372×1 290 |
| 主机重量(t)(不含动力部分) | | 6.98 |

表 6-3　RPS-3000 型钻机主要技术参数表

| 技术参数 | | RPS-3000 型钻机 |
|---|---|---|
| 钻进深度(m) | $\phi$89 钻杆 | 2 600 |
| | $\phi$73 钻杆 | 3 500 |
| 转盘通径(mm) | | $\phi$445 |
| 转盘转速(正、反)(r/min) | | 33.35　58.34　75.21　131.56 |
| 转盘扭矩(kN·m) | | 40 |
| 卷扬机单绳慢速提升能力(kN) | | 100 |
| 可配备动力 | 电动机(kW) | 2×110 |
| | 柴油机(马力) | 300 |
| 外形尺寸(长×宽×高)(mm) | | |
| 主机重量(t)(不含动力部分) | | 18 |

## 6.2.2　常用泥浆泵

目前常用 2 种，主要是石油系列(宝鸡和青州石油机械厂产 NB350 型)和 BW1200/5(7)型系列。

(1)BW1200 型泥浆泵　如图 6-2 所示，此泵采用更换不同直径的缸套、活塞来改变泵的排量与压力。更换皮带轮的直径可改变泵的冲次，从而也可达到改变泵的排量与压力。表 6-4 为 BW1200 型泥浆泵性能指标。

该型号泥浆泵主要用于在 1 500 m 以内钻井。适应最佳钻井深度是在 1 000 m 以内，超过 1 000 m 时钻井效率将会逐渐降低。

(2)QZ3NB350 型泥浆泵　青州石油机械厂生产的 QZ3NB350 型泥浆泵如图 6-3 所示，目前在 3 000 m

图 6-2　BW1200/5(7)型泥浆泵

表 6-4　BW1200 型泥浆泵主要技术参数(以张家口探矿机械厂产品为例)

| 技术指标 | 单位 | 参数 |
|---|---|---|
| 活塞行程 | mm | 250 |
| 冲次 | $min^{-1}$ | 71 |
| 缸套直径 | mm | 150　130　110　85 |
| 理论排量 | L / min | 1 200　900　630　360 |
| 排出压力(75 kW) | MPa | 3.2　4.4　6.2　11 |
| 排出压力(90 kW) | MPa | 4　5.5　7.5　13 |
| 外形尺寸(长×宽×高) | mm | 2 845×1 300×2 100 |
| 质量 | kg | 4 000 |

以内最为常用。此泵采用更换不同直径的缸套、活塞来改变泵的排量与压力。更换皮带轮的直径可改变泵的冲次，从而也可达到改变泵的排量与压力，其性能指标见表 6-5。该型号泥浆泵主要用于在 3 000 m 以内钻井。适应最佳钻井深度是在 1 000～2 000 m，超过 2 000 m 时钻井效率将会逐渐降低。

图 6-3　QZ3NB350 型泥浆泵

表 6-5　QZ3NB350 型泥浆泵性能指标

| 指标 | 冲次　115 / min | | | | | | |
|---|---|---|---|---|---|---|---|
| 缸筒直径(mm) | 100 | 110 | 120 | 130 | 140 | 150 | 160 |
| 理论排量(L / min) | 486 | 588 | 702 | 822 | 954 | 1 092 | 1 248 |
| 最高排出压力(MPa) | 20 | 18 | 15 | 13 | 11 | 9.5 | 8.4 |
| 动力配备 | 电机型号 Y355L1–6、185～260 kW、985 r/min、气控 | | | | | | |

### 6.2.3　钻塔与平台

采用的钻塔主要是宝鸡石油机械厂生产的 AP31–35 "A" 型塔，其中 "A" 型塔带 DZ125 / 2.2–T 平台，其规格为：长×宽×高=13 800 mm×6 790 mm×2 200 mm。具有安装方便、迅速，缺点是安装时受场地条件限制。钻塔有效高度 31 m，最大承载负荷为 150 t，如图 6-4 和图 6-5 所示。

图 6-4　AP31-35"A"型塔　　　　　图 6-5　DZ125／2.2-T 平台

### 6.2.4　水龙头与大钩

水龙头选择江苏省高邮市华兴石油机械制造有限公司生产的 CH-125 型。最大静负荷 1 250 kN，工作载荷 938 kN，泥浆最大工作压力 $210 \times 10^5$ Pa，质量 648.5 kg，外形尺寸(长×宽×高)2 099 mm × 660 mm × 620 mm，如图 6-6 所示。

图 6-6　CH-125 型水龙头(石油系列)

大钩选择通化石油机械制造有限公司生产的 YG125 型(执行标准 SY5208—2000)。最大荷载 1 225 kN，质量 2 055 kg，钢丝绳直径 28 mm，如图 6-7 所示。

图 6-7　YG125 型大钩(石油系列)

### 6.2.5　钻具

钻杆分别使用石油系列 $3\frac{1}{2}$ in(88.9 mm)和 5 in(127 mm)，钢级 E。最小屈服强度 515 MPa，最大屈服强度 725 MPa，最小抗拉强度 690 MPa。钻铤分别使用 7 in(177.8 mm) 和 $6\frac{1}{4}$ in(158.8 mm)，其强度分别为：屈服强度≥758 MPa、抗拉强度≥965 MPa 和屈服强度 ≥689 MPa、抗拉强度≥930 MPa。

### 6.2.6　泥浆净化系统

超深层地热钻井深度大，对泥浆性能的要求特别高，所以必须配置净化系统。根据 场地情况采用长距离的泥浆槽和 2~3 个沉淀池，除砂设备选择天津石油研究所研制的振 动筛和旋流器，如图 6-8 所示。图中左为振动筛，泥浆首先经过振动筛将大颗粒岩屑或 泥皮除去，然后再通过旋流器，利用离心力原理将小颗粒岩屑除去，达到泥浆净化目的。

### 6.2.7　拧管机

传统的拧卸钻杆或套管的工具是上下垫叉和吊钳，对于超深层钻井来说，井内钻具 重，使用上述两种工具主要存在不安全和效率低等问题。为此，我们选择兰州石油机械 研究所和无锡机器制造有限公司联合生产的 ZQ100 液气大钳。其液压系统工作压力 16.6 MPa，气压系统工作压力 0.5~1.0 MPa，最大扭矩 100 kN·m，额定流量 114 L/min， 适用管径 $3\frac{1}{2}$ ~8 in，电驱动时电机功率 40 kW，移送气缸最大行程 1.5 m，大钳总重 3 500 kg， 如图 6-9 所示。

图 6-8　地热钻井泥浆除砂设备

图 6-9　ZQ100 液气大钳

## 6.3　超深地热钻探技术

在郑州和河南省其他地区的地热钻井深度一般为 1 000~1 200 m，均采用正循环泥浆三牙轮钻进，多数 采用 TSJ-1000 型或 TSJ-2000E 型钻机和 BW1200 型泥 浆泵。成井结构一般为 0~200 m 为 $\phi$273 mm 钢管， 200 m 以深为 $\phi$159 mm 钢管，滤水器为桥式管，如图 6-10 所示。动态投砾和黏土球止水完井工艺。

图 6-10　常用的桥式滤水管

上述钻井技术与完井工艺在我省已有 20 余年。主 要问题是钻井速度慢，其问题根结是泥浆泵配置不合理，冲洗液上返速度小，造成重复破碎。

　　为了解郑州超深层地热资源情况和进一步发展和完善钻探技术，2004 年与河南省高速公路管理局合作，在郑州首次组织实施"郑州市超深层地热资源科学钻探工程"项目。通过一年多的努力，最终圆满完成任务，并取得了显著成效。本书就以该项目为例介绍河南最新的超深层地热钻探与完井技术。

### 6.3.1　地层划分与岩性

　　该井位于郑州市大学路与淮河路交叉口东，其地层情况见表 6-6。

表 6-6　郑州市地热资源科学钻探一井地层划分和岩性

| 界 | 系 | 统 | 群 | 组 | 代号 | 井深(m) | 厚度(m) | 岩　　性 |
|---|---|---|---|---|---|---|---|---|
| 新生界 | 第四系 | | | | Q | 0 ~ 61.5 | 61.5 | 砂和黏土互层 |
| | 新生系 | | | | N | 61.5 ~ 798 | >736.5 | 粉(细 / 中细 / 中粒)砂岩与黏土岩呈不等厚互层 |
| 中生界 | 三叠系 | 上统 | 延长群 | 椿树腰组 | T$_{3c}$ | 798 ~ 1 386 | >588 | 上部为灰白色粉砂质页岩夹两层铝土质泥岩，中部为灰白色粉—细粒长石砂岩与猪肝色粉砂质页岩互层，下部为深灰、紫红色长石砂岩与猪肝色粉砂岩互层，底部为厚70余米的深灰、灰、灰绿色长石砂岩 |
| | | | | 油房庄组 | T$_{3y}$ | 1 386 ~ 2 170 | 784 | 深灰、灰、灰绿色长石砂岩与猪肝色粉砂岩不等厚互层，底部为厚70余米的深灰、灰、灰绿色长石砂岩。含轮藻化石 |
| | | 中统 | 二马营组 | | T$_{3e}$ | 2 170 ~ 2 490 | 312 | 灰、深灰、灰绿色长石砂岩与猪肝色粉砂岩不等厚互层 |
| | | 下统 | 石千峰群 | 和尚沟组 | T$_{3h}$ | 2 490 ~ 2 762 | >272 | 上部为紫红色粉砂质页岩夹灰、深灰、灰绿色长石砂岩，中部为灰白、灰、深灰色中—细粒长石石英砂岩与猪肝色粉砂岩不等厚互层，下部为紫红色粉砂质页岩 |

### 6.3.2　钻井结构设计

　　设计井深为 2 500 ~ 3 000 m，实际井深 2 763.66 m。

　　一开钻井(0 ~ 160 m)口径：$\phi$ 450 mm。

　　二开钻井(160 ~ 737.12 m)口径：$\phi$ 311 mm。

　　三开钻井(737.12 ~ 2 763.66 m)口径：$\phi$ 216 mm。

### 6.3.3　套管结构设计

　　0 ~ 110 m 下入 $13\frac{3}{8}$ in($\phi$ 339.7 mm × 9.65 mm)套管，110 ~ 737.12 m 下入 $9\frac{5}{8}$ in($\phi$ 244.5 mm × 8.94 mm)套管，737.12 ~ 2 763.66 m 下入 $5\frac{1}{2}$ in($\phi$ 139.7 mm × 6.98 mm)套管，材质全部为 J55 石油套管。过滤管如果选择普通钢板卷制而成的桥式滤水管，在 2 000 m 以深的情况下容易出现拉断和挤毁事故，所以，在超深层成井时必须选择强度高且能满足要求的滤水管。该超深井我们采用了在 $\phi$ 139.7 mm × 6.98 mm 石油套管上用钻床钻 $\phi$ 12 mm 孔

眼，以保证足够的强度，其孔隙率为 10%，如图 6-11～图 6-13 所示。

图 6-11　　$13\frac{3}{8}$ in 石油套管

图 6-12　　$5\frac{1}{2}$ in 石油套管　　　　　图 6-13　　$5\frac{1}{2}$ in 钻孔过滤器

### 6.3.4　钻井方法

钻进方法是正循环泥浆钻进，采用三牙轮钻头，取芯工具选择 $8\frac{1}{2}$ in 单动双管取芯钻头(川-84 型)，如图 6-14 和图 6-15 所示。

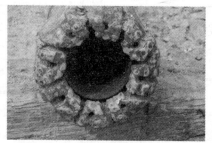

图 6-14　钻井使用的三牙轮钻头　　　图 6-15　取芯使用的川-84 型钻头

其钻具组合钻进规程如下所述。

一开(0～160 m)，主动钻杆—$3\frac{1}{2}$ in 钻杆—5 in 钻杆—$6\frac{1}{4}$ in 钻铤(3 根)—7 in 钻铤(2 根)—$17\frac{1}{2}$ in 三牙轮钻头。钻进规程：转速 97 r / min、钻压 30 kN、泵量 20 L / s、泵压

0.1 ~ 0.3 MPa。

二开(160 ~ 737.12 m)，主动钻杆—$3\frac{1}{2}$ in 钻杆—5 in 钻杆—$6\frac{1}{4}$ in 钻铤(4 根)—7 in 钻铤(3 根)—$12\frac{1}{4}$ in 三牙轮钻头。钻进规程：转速 72 r / min、钻压 50 kN、泵量 20 L / s、泵压 0.3 ~ 0.6 MPa。

三开(737.12 ~ 2 763.66 m)，主动钻杆—$3\frac{1}{2}$ in 钻杆—5 in 钻杆—$6\frac{1}{4}$ in 钻铤(8 根)—7 in 钻铤(6 根)—$8\frac{1}{2}$ in 三牙轮钻头。其中，在 1 600 ~ 1 750 m、2 200 ~ 2 300 m、2 350 ~ 2 400 m、2 500 ~ 2 510 m 等地层中使用川–84 金刚石钻头进行了分段取心。钻进规程：转速 43 r / min、钻压 80 kN、泵量 15 L / s、泵压 0.6 ~ 10 MPa。

由于井深和施工周期长，为了保证井内安全，在 0 ~ 737.12 m 第四系和新近系松散层首先下入$13\frac{3}{8}$ in 和$9\frac{5}{8}$ in 表层技术套管，进行水泥固井后采用$8\frac{1}{2}$ in 三牙轮钻头一径到底钻进。

不同的地层和深度，对泥浆的性能指标要求不一样，尤其是超深层地热钻井对泥浆的性能要求较高。其泥浆性能指标见表 6-7。

表 6-7　郑州市超深层地热资源科学钻探工程—井泥浆性能

| 泥浆性能指标 | 黏度<br>(s) | 密度<br>(g / cm³) | 失水量<br>(mL / 30 min) | 泥饼<br>(mm) | pH |
|---|---|---|---|---|---|
| 一开(0 ~ 160 m) | 31 ~ 34 | 1.21 ~ 1.23 | 11 | 1 | 8 ~ 9 |
| 二开(160 ~ 737.12 m) | 31 ~ 33 | 1.22 ~ 1.23 | 11 | 1 ~ 1.05 | 8 ~ 9 |
| 三开(737.12 ~ 2 763.66 m) | 25 ~ 29 | 1.15 ~ 1.26 | 12 ~ 20 | 0.5 ~ 1 | 7 ~ 9.5 |

在泥浆性能指标控制和净化方面，分别采用净化设备和泥浆槽沉淀池相结合的方法，如图 6-16 所示。

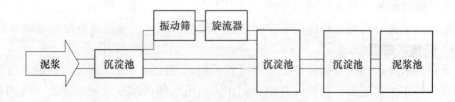

图 6-16　超深层地热钻井泥浆净化系统

泥浆性能必须坚持每班测试 2 次，重点是泥浆密度、黏度和失水量，图 6-17 是现场泥浆测试。

图 6-17　泥浆性能指标现场测试(失水量和黏度测试)

## 6.4　成井工艺

根据地质录井和地球物理测井资料，结合钻探过程中钻速、泥浆漏失和井内水位变化情况最终确定了成井方案。其工序如下所述。

### 6.4.1　通孔、刷孔及冲孔换浆

终孔后，下入原钻具进行通孔，检查钻孔的圆整垂直度。至井底后进行冲孔，待岩屑全部返出后起钻，改用钢丝绳破壁器入孔，以破坏泥皮，初步打开含水层的水力通道。刷泥皮工作结束后，进行冲孔换浆工序，直至孔内岩屑全部返出，钻井液性能达到设计预定要求。

### 6.4.2　下管成井

(1)管井结构　0～110 m 下入 $\phi$ 339.7 mm×9.65 mm 的套管，110～737.12 m 下入 $\phi$ 244.5 mm×8.94 mm 的套管，737.12～2 763.66 m 下入 $\phi$ 139.7 mm×6.98 mm 的生产套管。其中过滤器采用孔状石油套管(自制)。

(2)下管前的准备工作　①下管前做好充分准备，分工仔细，责任明确；②认真检查井管丝扣质量，如乱丝、公扣变形等，以及配套工具的配备情况，如变径、套管吊卡、扶正器等是否完善，并严格检查其安全性；③按下套管顺序准确丈量井管长度并编号，做到有序摆放。

(3)成井工序　①根据地层情况，项目部确定采用膨胀橡胶分层止水，确保了分层取水，避免互相干扰。止水位置为取水段顶板 ±10 m 处。②$\phi$ 139.7 mm 石油套管顶部过渡为 $\phi$ 177.8 mm 石油套管与 $\phi$ 244.5 mm 套管重叠，管体上布置膨胀橡胶 3 组，以封闭环状间隙。

针对该区域地质和地层资料分析，红层内水量是一个主要问题，所以在满足设计和合同的前提下充分利用地热储层是首先考虑的问题。该井过滤器安放位置见表 6-8。

### 6.4.3　新技术应用

所有供水井或地热井固井和止水方法均采用水泥或黏土球。这些方法的主要问题是成本高、操作工艺复杂，并且一旦固井和止水后不可能再起拔或回收井管。特别是深部地热资源勘查风险和变化大，当价值 50 万～80 万元的套管下入后，若没有达到设计或预期目的时，回收套管是减少钻井成本的一个重要环节。所以，我们结合该井的实际地层情况，并经过充分论证选用遇水膨胀橡胶作为固井和止水材料，其规格为：30 mm(宽)×5 mm(厚)，见图 6-18。

表 6-8  郑州超深层地热科学钻探一井过滤器安装位置一览表

| 序号 | 安装位置(m) | 长度(m) | 序号 | 安装位置(m) | 长度(m) |
|------|-------------|---------|------|-------------|---------|
| 1 | 1 814.19~1 846.36 | 32.17 | 9 | 2 305.52~2 349.32 | 43.80 |
| 2 | 1 856.97~1 877.51 | 20.54 | 10 | 2 370.92~2 391.87 | 20.95 |
| 3 | 1 918.74~1 940.63 | 21.89 | 11 | 2 432.13~2 453.94 | 21.81 |
| 4 | 1 991.54~2 022.84 | 31.30 | 12 | 2 494.66~2 504.61 | 9.95 |
| 5 | 2 053.53~2 063.42 | 9.89 | 13 | 2 535.22~2 546.26 | 11.04 |
| 6 | 2 117.42~2 138.62 | 21.20 | 14 | 2 576.88~2 587.62 | 10.74 |
| 7 | 2 158.47~2 179.35 | 20.88 | 15 | 2 619.96~2 663.65 | 43.69 |
| 8 | 2 253.64~2 264.11 | 10.47 | | | |

(1)遇水膨胀橡胶止水原理  遇水膨胀橡胶是由橡胶加入水溶性高分子遇水材料经混炼加工而成的产品。是一种既有一般橡胶制品特性，又有遇水自行膨胀以水止水的功能。由于该材料具有遇水膨胀的特性，在材料膨胀范围以内起止水作用，膨胀体具有橡胶性质，更耐水、耐酸、耐碱。产品广泛应用于国内外的地铁、隧道、公路、桥梁等重大工程领域。其止水原理是，遇水膨胀橡胶为橡胶与亲水型的聚胺脂用特殊的方法制成的结构型遇水膨胀材料。由于在橡胶中有大量的亲水基团($-CH_2-CH_2-O-$)存在，这种基团与数目众多的水分子以氢键相结合，致使橡胶几何体积增大，这些被吸附的水分子即使在压缩、吸引等机械力的作用下也不易被挤出，在一定温度加热作用下也不易被蒸发，同时由于亲水基团中链节的极性大，容易旋转，因此这种橡胶还有较好的回弹性，浸水膨胀后橡胶仍有一定刚性。如图 6-19 所示，下管前事先把膨胀橡胶用 8 号铅丝捆绑在需要止水的套管上，其最大外径控制在井径的 80%左右。下入井后膨胀橡胶遇水后逐渐膨胀，15 天时膨胀橡胶可达到 200%膨胀率，从而达到隔离上下水力联系之目的。

图 6-18  带状膨胀橡胶

(2)遇水膨胀物理性能  其主要指标有，密度：1.4~1.47 g/cm³，拉伸强度：≥3.5 MPa，清水浸泡链：220%，扯断伸长率：≥450%，耐高温：80 ℃不流淌，耐低温：-15 ℃不发脆、不折断。

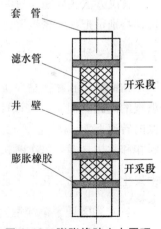

图 6-19  膨胀橡胶止水原理

(3)止水特点及效益对比  ①具有遇水膨胀、止水密封、耐水、耐酸、耐老化等特点。②下部没水或预期目的未达到时，由于套管和井壁之间摩擦阻力小，可实现回收套管的目的。③地热井使用若干年后，下部套管腐蚀破裂需要更换时，可以提出旧管进行局部更换。④该井使用膨胀橡胶止水，总计所需费用为 2 000 元；若采用水泥固井止水则需要费用 25 万元(由石油专业队伍实施)。由此可见，仅固井止水一项，采用新技术可节约成井费用 24.8 万元。

# 第7章　地热钻井事故与处理技术

　　地热钻探工程不同于石油钻井、固体钻探等，所接触的地层复杂、破碎，并且钻遇破碎层时还不能封闭。所以，在所有地热或水文钻井过程中都会遇到各种不同类型的井内事故，特别是超过 1 200 m 的深井事故更加频繁。对于郑州超深层地热资源科学钻探工程同样遇到了泥浆漏失、钻铤断扣和黏扣、卡钻与破碎层掉块等事故。在 1 200 m 左右的的地热钻井时过滤器挤毁和吸附卡钻最为常见，由此严重影响了钻井效率和成井质量。本章重点论述最为常见和具有共性的过滤器挤毁和吸附卡钻等事故处理技术。其中，7.1 ~ 7.4 部分以河南省高速公路管理局地热井为例。

## 7.1　井内漏失

　　这种地层钻进时，由于地层比较完整，几乎没有大的破碎带。所以，泥浆漏失不是太大问题。但是，当泥浆的密度偏大(大于 1.25 g / cm³)时，在局部破碎井段发生漏失现象，主要是由于井内液柱压力大于地层压力时出现的问题。该井分别在 970 ~ 1 000 m、1 600 m 和 2 220.58 ~ 2 228.36 m(漏失 3 池，21 ~ 24 m³，后发生井涌)发生泥浆漏失，其中在 2 220.58 ~ 2 228.36 m 断裂带的井段漏失严重。

　　解决方法主要是通过调整泥浆性能指标和同时开动 2 台振动筛控制泥浆中的固相含量，特别是把泥浆密度降低到 1.15 g / cm³ 以下。

## 7.2　钻铤黏扣和断扣

　　钻铤断扣和黏扣是在所有超过 1 000 m 深井钻进过程中，并且转速较高的情况下都会出现的问题。但是，在该科学钻探工程中出现断扣和黏扣频率特别高，并且是出现在较低的转速下(转盘转速仅 72 r / min)。在 1 300 ~ 1 900 m 井段之间平均 2 ~ 3 d 就出现一次断扣和黏扣，多者每次断扣和黏扣 3 个头，特别是在该井段区间内连续 500 m 的黏土岩中发生频率最高，几乎全是 $6\frac{1}{4}$ in 钻铤。如图 7-1 和图 7-2 所示。

**图 7-1　$6\frac{1}{4}$ in 钻铤黏扣和丝扣磨损**

图 7-2　　$6\frac{1}{4}$ in 钻铤断扣

针对频繁出现的黏扣和断扣现象，首先怀疑钻铤材质问题，并取样委托石油工业专用管材质量监督检验中心对化学成分、力学性能和金相进行检测，结果均符合 SY／T 5144—1997 标准要求。

通过与石油钻井方面的专家交流和分析，目前也没有合理的解释，多数人认为是由于"共振"现象引起的断扣和黏扣；地质行业部分专家则坚持认为还是钻铤材质问题。

针对不同意见，我们首先改变转速来避免钻具的"共振"问题，当转速提高 97 r／min(三挡)时仍然出现上述问题。最后不得将转速降低到 43 r／min(一挡)，在一挡转速较低的情况下解决了钻铤的断扣和黏扣问题。另外，在钻进过程中出现 5 in 钻杆断裂 3 次。究其原因主要是钻杆的疲劳破坏，如图 7-3 ~ 图 7-5 所示。打捞钻铤或钻杆分别采用石油系列公锥、母锥和打捞筒，见图 7-6。

图 7-3　5 in 钻杆断裂　　　　图 7-4　5 in 钻杆出现的裂纹　　　　图 7-5　接头处断裂

图 7-6　事故钻具打捞工具(公锥、母锥和打捞筒)

其中，采用石油钻井中的螺旋卡瓦或篮式卡瓦打捞筒效果最佳。该井事故采用的是

LT–T 型可退式卡瓦打捞筒，其最大特点是安全、可靠、受力大，不会使事故复杂化。同时该型号打捞筒是抓捞井内光滑外径落鱼最有效的工具，捞住落鱼后能在较高泵压下循环钻井液。下部带有修整鱼顶的铣鞋。加长节、壁钩、加大引鞋等附件可用来打捞倚靠井壁的落鱼。如果捞住的落鱼被卡住提拉不动时，在井内是很容易释放落鱼退出打捞筒的，图 7-7 是两种形式的打捞筒结构图。

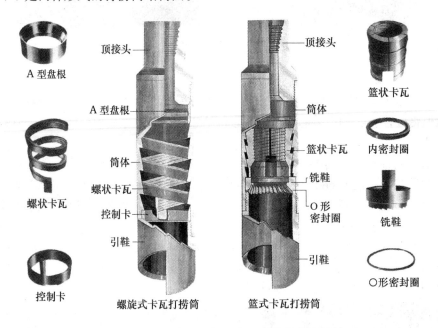

A 型盘根

螺状卡瓦

控制卡

顶接头

A 型盘根

筒体

螺状卡瓦

控制卡

引鞋

螺旋式卡瓦打捞筒

顶接头

筒体

篮状卡瓦

铣鞋

O 形密封圈

引鞋

篮式卡瓦打捞筒

篮状卡瓦

内密封圈

铣鞋

O 形密封圈

图 7-7 螺旋卡瓦和篮式卡瓦打捞筒结构图

当井内钻具在上部断时，由于下部钻具较重，使用公锥或母锥时容易拉脱，故采用打捞筒最佳。图 7-8 和图 7-9 是当井深 2 300 m 时 5 in 钻杆在 250 m 处断裂，当时采用公锥打捞，每次都脱落并且钻杆和公锥丝扣磨损严重；如果井内事故钻具仅有 500 m 以内或较轻时，则可使用公锥或母锥进行打捞。

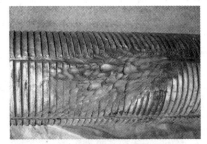

图 7-8　5 in 钻杆内丝磨损　　　　图 7-9　公锥丝扣磨损

打捞筒按尺寸大小分多种型号，具体处理井内断钻杆、钻铤和套管时，应根据落鱼的断面尺寸和表 7-1 选择相应的打捞筒。

表 7-1 打捞筒规格和适用井内落鱼尺寸

| 型号 | 外径 mm(in) | 螺旋卡瓦最大打捞尺寸 mm(in) | 篮状卡瓦最大打捞尺寸 mm(in) | 接头螺纹 API |
|---|---|---|---|---|
| LT−T89 | $89(3\frac{1}{2})$ | $60(2\frac{3}{8})$ | $47.5(1\frac{7}{8})$ | NC26 |
| LT−T92 | $92(3\frac{5}{8})$ | $63.5(2\frac{1}{2})$ | $50.8(2)$ | NC26 |
| LT−T102 | $102(4)$ | $73(2\frac{7}{8})$ | $60.3(2\frac{3}{8})$ | NC26 |
| LT−T105 | $105(4\frac{1}{8})$ | $82.5(3\frac{1}{4})$ | $70.5(2\frac{3}{4})$ | NC31 |
| LT−T111 | $111(4\frac{3}{8})$ | $85.7(3\frac{3}{8})$ | $57.2(2\frac{1}{4})$ | NC26 |
| LT−T117 | $117(4\frac{5}{8})$ | $89(3\frac{1}{2})$ | $76(3)$ | NC31 |
| LT−T127 | $127(5)$ | $95(3\frac{3}{4})$ | $79.5(3\frac{1}{8})$ | NC38 |
| LT−T133 | $133(5\frac{1}{4})$ | $104.7(4\frac{1}{8})$ | $95(3\frac{3}{4})$ | NC38 |
| LT−T140 | $140(5\frac{1}{2})$ | $117.5(4\frac{5}{8})$ | $105(4\frac{1}{8})$ | NC38 |
| LT−T143 | $143(5\frac{5}{8})$ | $121(4\frac{3}{4})$ | $95(3\frac{3}{4})$ | NC38 |
| LT−T152 | $152(6)$ | $121(4\frac{3}{4})$ | $105(4\frac{1}{8})$ | NC38 |
| LT−T162 | $162(6\frac{3}{8})$ | $133.5(5\frac{1}{4})$ | $117.5(4\frac{5}{8})$ | NC46 |
| LT−T168 | $168(6\frac{5}{8})$ | $127(5)$ | $114(4\frac{1}{2})$ | NC46 |
| LT−T178 | $178(7)$ | $123.8(4\frac{7}{8})$ | $114.3(4\frac{1}{2})$ | NC46 |
| LT−T187 | $187(7\frac{3}{8})$ | $146(5\frac{3}{4})$ | $127(5)$ | NC50 |
| LT−T194 | $194(7\frac{5}{8})$ | $159(6\frac{1}{4})$ | $141(5\frac{9}{16})$ | NC50 |
| LT−T200 | $200(7\frac{7}{8})$ | $159(6\frac{1}{4})$ | $127(5)$ | NC50 |
| LT−T206 | $206(8\frac{1}{8})$ | $178(7)$ | $159(6\frac{1}{4})$ | NC50 |
| LT−T213 | $231(8\frac{3}{8})$ | $178(7)$ | $159(6\frac{1}{4})$ | NC50 |
| LT−T219 | $219(8\frac{5}{8})$ | $178(7)$ | $159(6\frac{1}{4})$ | NC50 |
| LT−T225 | $225(8\frac{7}{8})$ | $197(7\frac{3}{4})$ | $184(7\frac{1}{4})$ | NC50 |
| LT−T232 | $232(9\frac{1}{8})$ | $203(8)$ | $187(7\frac{3}{8})$ | NC50 |
| LT−T238 | $238(9\frac{3}{8})$ | $197(7\frac{3}{4})$ | $178(7)$ | NC50 |
| LT−T241 | $241(9\frac{1}{2})$ | $213(8\frac{3}{8})$ | $197(7\frac{3}{4})$ | NC50 |
| LT−T245 | $245(9\frac{5}{8})$ | $203(8)$ | $190.5(7\frac{1}{2})$ | 65 / 8REG |
| LT−T254 | $254(10)$ | $200(7\frac{7}{8})$ | $190.5(7\frac{1}{2})$ | 65 / 8REG |

续表 7-1

| 型号 | 外径<br>mm(in) | 螺旋卡瓦最大打捞尺寸<br>mm(in) | 篮状卡瓦最大打捞尺寸<br>mm(in) | 接头螺纹<br>API |
|---|---|---|---|---|
| LT—T260 | $260(10\frac{1}{4})$ | $219(8\frac{5}{8})$ | $200(7\frac{7}{8})$ | 75／8REG |
| LT—T270 | $270(10\frac{5}{8})$ | 228.6(9) | $209.5(8\frac{1}{4})$ | 65／8REG |
| LT—T273 | $273(10\frac{3}{4})$ | 228.6(9) | 203(8) | 65／8REG |
| LT—T279 | 279(11) | $219(8\frac{5}{8})$ | $193.5(7\frac{5}{8})$ | 65／8REG |
| LT—T286 | $286(11\frac{1}{4})$ | $245(9\frac{5}{8})$ | $225.5(8\frac{7}{8})$ | 65／8REG |
| LT—T302 | $302(11\frac{7}{8})$ | 254(10) | $235(9\frac{1}{4})$ | 65／8REG |
| LT—T340 | $340(13\frac{3}{8})$ | 279(11) | 228.6(9) | 75／8REG |

## 7.3 压差吸附卡钻

当钻井深度在 2 300 m 时，由于设备提升系统出现故障，钻具在井内停留时间较长，故出现了卡钻事故。其特征是：当钻具拉力达 120～140 t 时，只有钻具材料的弹性变形量 0.5～0.8 m；井内泥浆循环正常，并且泵压正常；井底固相含量和泥浆密度偏大，达到 1.2～1.3 g／cm³。

针对上述现象分析是典型的压差吸附卡钻事故，并针对当时的钻具组合情况(7 in 钻铤直径偏大与 $8\frac{1}{2}$ in 井眼间隙较小)确定卡点就是钻头上部的 7 in 钻铤部位。为此，我们选择 SR-301 解卡剂、柴油、钒钛铁矿粉(SY／T5351-9)和水进行配制，然后通过泥浆泵将配制的解卡剂送入钻具的卡点以下空间，进行渗透、浸泡，并将井内钻具拉力控制在 90～120 t 之间。当浸泡 4 h 后开始反复活动钻具，但是，拉力不能过高；最后经过 8 h 的浸泡和反复拉动钻具终于使滞留在井内 17 d 的钻具安全提出，见图 7-10，每 1 m³ 解卡剂的配方见表 7-2。

(a)SR-301 粉状解卡剂

(b)钒钛铁矿粉加重剂

(c)解卡剂配制

(d)柴油和解卡剂注入井内

图 7-10　解卡剂配置与灌注

表 7-2 解卡剂配方(1 m³ 解卡剂各种材料用量)

| 配置解卡剂密度<br>(g／cm³) | SR–301 解卡剂<br>(t) | 柴油<br>(m³) | 钒钛铁矿粉<br>(t) | 水<br>(m³) |
| --- | --- | --- | --- | --- |
| 1.18 | 0.251 6 | 0.602 3 | 0.294 | 0.150 6 |

## 7.4 地层破碎掉块

当钻遇 2 360 ~ 2 700 m 时,地层破碎掉块严重,碎块呈棱角状,规格在 50 ~ 200 mm 之间,多数在 150 mm 左右,见图 7-11 和图 7-12。由于碎块坍塌严重,从而不能使钻进正常进行。主要表现在坍塌、钻具阻力大、重复破碎、提钻再下入钻具时不到位等。由于这些问题的存在,从而导致钻井效率低、成本高、劳动强度大等。

处理时首先采用自行设计加工的 φ168 打捞筒和石油系列川–84 取心筒进行碎块打捞,历时 40 余天,效果不明显。最终通过调整井内泥浆性能,并使其密度达到 1.2 g／cm³ 时,采用川–84 取心筒才有显著效果。也就是说,在首先保证井壁平衡稳定情况下,再实现打捞和继续钻进,或者采用气举反循环钻进工艺解决破碎层掉块问题。

图 7-11 2 300 ~ 2 370 m 破碎层

图 7-12 破碎层中紫红色泥质砂岩

## 7.5 过滤器挤毁事故与处理技术

郑州市多数地热井在 1 200 m 左右,主要是在第四系和新近系中钻探与采用普通钢管成井。在这种条件下地热井施工常见的一种井内事故是过滤器挤毁或变形,该类事故一旦发生,轻者(过滤器变形量小,过流断面呈椭圆形)水量减小和出砂,重者(过滤器变形量大,过流断面呈线状)导致整个钻井工程的报废。以往多数情况下,超过 600 m 的地热井一旦出现过滤器挤毁事故将使整个井报废,由此造成的直接经济损失是巨大的。据统计,仅在河南省每年造成该类事故而导致地热井报废的达 6 ~ 10 眼,工作量 6 000 ~ 15 000 m,直接经济损失 300 万 ~ 750 万元。所以,在地热井工程设计和施工过程中,每一道工序都应严格把关,同时注重过滤器挤毁事故成因的分析和研究,以防类似事故和问题的发生。

### 7.5.1 过滤器挤毁事故类型与成因

在松散层中地热钻探成井,一般采用的是 φ159 mm 桥式过滤器。它是由普通钢板冲压后再卷焊而成的一种过滤器，其厚度为 5.3 ~ 5.7 mm。此类型的过滤器出现挤毁和变形事故常发生在下管过程、投砾过程或洗井抽水过程三个阶段。按变形量划分其过滤器断面可能出现椭圆形和线状(完全挤压)两种类型，其中多数情况下出现线状类型的事故，如图 7-13 所示。

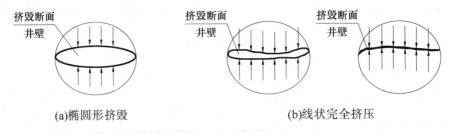

(a)椭圆形挤毁 　　　　　　　　　　(b)线状完全挤压

**图 7-13　桥式过滤器挤毁类型**

图 7-13(a)是过滤器挤毁变形量较小的情况，其过流断面为椭圆形。这种情况下，井内的桥式过滤器整体存在压应力和拉应力，此时的桥式缝隙将出现不均匀的张开和挤压，甚至撕裂或焊缝开裂。由于过流断面和桥式缝隙的变形，将导致地热井出砂严重和水量大幅度降低，同时对地热井的质量和使用寿命埋下隐患。图 7-13(b)是过滤器完全挤毁示意图，其过流断面呈不规则线状，这种情况下几乎使地热井处于报废状态。

导致井内过滤器挤毁事故的成因主要有以下几个方面。

(1)过滤器材质和加工工艺问题。由于目前的桥式过滤器都是用普通钢板冲压卷焊而成，所以在强度上与井内其他无缝钢管或石油套管相差很远。

(2)井管内外形成较大的压力差。当井管内液柱过低而不能与管外的地层压力相平衡时，则会发生井管或过滤器挤毁事故，这也是发生该类问题的最主要原因。产生压力差现象的根源是泥浆问题和换浆不彻底，导致过滤器堵塞，井管内外流体不循环和贯通，在这种情况下，井管内形成较大负压，巨大的地层压力很容易将井管或过滤器挤毁。此类问题在下管、大降深洗井和抽水时容易发生。

(3)过滤器瞬间受到冲击作用。当下完井管投砾时，若遇到井眼坍塌、局部缩径或砾料"架桥"(投砾过快)等情况时，在瞬间坍塌或坠落将会对强度较低的过滤器产生巨大的冲击力并使其变形或挤毁。

上述三方面原因除了第一个是客观存在问题外，实际上都和泥浆使用有很大关系。也就是说，在整个钻井过程中泥浆性能不好，形成的泥皮过厚或使护壁效果差，则容易产生堵塞或掉块、"架桥"等问题，从而为事故的发生提供了条件。

### 7.5.2　过滤器挤毁事故预防措施及处理技术

#### 7.5.2.1　预防措施

所有的事故都应该做到预防为主，特别是在第四系和新近系地层中钻井，最容易发生的事故之一就是过滤器的变形或挤毁。所以在该类地层中从开钻到完井整个过程都必须做到严格、谨慎、细致。

(1)井口保护管或表层技术套管必须安装在黏土等相对稳定的地层中，并用黏土球或水泥固定牢靠，防止下管冲孔换浆时井口坍塌或表层保护管下沉倾斜。

(2)整个钻井过程中一定要控制泥浆的性能指标，避免泥皮过厚和失水量过大，防止在下管或投砾时大量泥皮堵塞或井壁崩落而形成压力差或冲击过滤器。

(3)投砾过程必须缓慢，严禁速度过快造成"架桥"现象，当架桥的砾料瞬间坍塌时，一方面携带大量的泥皮沉入井底，造成堵塞问题；另一方面对下部过滤器造成瞬间巨大的冲击力。

(4)井内存在漏失和下管过程中，应注意井内液面变化。当井筒液面较低或有下降趋势时，立即向井内进行回灌，保持井内压力平衡。

### 7.5.2.2　处理技术

若在下管过程中出现过滤器变形或挤毁事故，马上起拔已下入的所有井管，然后对事故过滤器进行更换，进行完探孔后再次下入即可，必要时重新配制泥浆进行循环，以达到井壁稳定和不产生堵塞之目的。在这个过程中出现过滤器变形或挤毁事故很难及时发现，往往都是在洗井或抽水时感觉水量有较大出入时才发现。

当完井后发现过滤器挤毁时，井内千余米的井管被砾料围填阻力增大，此时的井管已经不可能拔出，这种情况下，在以往几乎整个钻井工程只有报废重新施工或赔偿。现在随着技术进步和石油钻井工艺、工具的引进，为该类事故的成功处理提供了新的希望和方法。目前在地热钻井或水文水井工程中处理这类事故的工具可以借鉴石油套管整形器，并结合事故和变形情况加以适当改进即可。如图 7-14 和图 7-15 分别是石油套管整形器和改装后的整形器。该整形器具有上下进行冲击旋转挤胀的双作用功能，工作安全、方便、可靠、快捷、效果显著。

**图 7-14　双作用套管整形器**

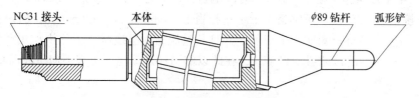

**图 7-15　改装后的 SZZ 型双作用套管整形器**

当过滤器变形较轻时，可以直接使用图 7-14 所示的套管整形器进行修复；当过滤器变形严重或挤毁时，直接采用图 7-14 的整形器效果差甚至无法修复，此时必须使用图 7-15 改装后的套管整形器。即在整形器下端加焊 1～2 m 铲形的短节，这样容易把挤毁的过滤器冲开。

在操作中泵量尽可能选择最大，转速为最低，井内钻具压力在 4～6 t 之间，过大容易把过滤器冲击碎，一般情况下逐步缓慢对变形过滤器施加冲击力。这样反复动作即可使变形的过滤器冲开，注意每冲开 3～5 m 后，要上下拉动钻具，避免井内过滤器再次变形而卡住钻具，待井内的所有挤毁过滤器冲开以后，最好再下入小一级的过滤管起支撑作用，否则当抽水时，一旦水位下降形成压力差则很容易使过滤器再次变形或挤毁。

表 7-3 是不同型号双作用套管整形器适应的井管尺寸，在实际中可以结合具体情况

进行选择。

表 7-3　SZZ 型双作用套管整形器型号与适应的井管尺寸

| 型号 | 总长(mm) | 外径(mm) | 水眼(mm) | 接头螺纹(API) | 适应井管(in) |
|---|---|---|---|---|---|
| 140×106 |  | 106.5 |  |  |  |
| 140×110 |  | 110.5 |  |  |  |
| 140×112 |  | 112.5 |  |  |  |
| 140×114 | 1 210～1 260 | 114.5 | 51 | NC31 | $5\frac{1}{2}$ |
| 140×116 |  | 116.5 |  |  |  |
| 140×118 |  | 118.5 |  |  |  |
| 140×120 |  | 120.5 |  |  |  |
| 178×142 |  | 142.5 |  |  |  |
| 178×146 | 1 225～1 289 | 146.5 | 51 | NC38 | 7 |
| 178×150 |  | 150.5 |  |  |  |
| 178×154 |  | 154.5 |  |  |  |
| 245×214 |  | 214.5 |  |  |  |
| 245×216 |  | 216.5 |  |  |  |
| 245×218 | 1 212～1 262 | 218.5 | 56 | NC50 | $9\frac{5}{8}$ |
| 245×220 |  | 220.5 |  |  |  |
| 245×222 |  | 222.5 |  |  |  |
| 245×224 |  | 224.5 |  |  |  |

### 7.5.3　一起典型的过滤器挤毁事故处理实例

2005 年 7 月在郑州施工一眼 1 200 m 地热井,下完井管投砾后洗井时发现不出水(开泵 4 min 断流),在该地区正常情况下水量相当大,一般在 40～60 m³/h,所以初步判断是过滤器挤毁。经过探测证实了判断,并且其过流断面呈线状,下部热水几乎全部被封闭。这是一起典型的过滤器挤毁事故,在此以前同样是该地区出现类似事故而报废 2 眼地热井。

#### 7.5.3.1　地层与成井基本情况

地层为第四系和新近系,主要以黏土、细砂、粉砂为主。其中拟开采含水层是 945～1 003.5 m、1 019.5～1 025.5 m、1 038.5～1 055.5 m、1 092.5～1 119 m、1 127～1 141 m、1 165.5～1 178 m,累计含水层厚度 134.5 m。设计和合同要求:水量 50 m³/h 左右,水温 42 ℃,水质达到国家饮用天然矿泉水标准。

该地热井在施工过程和下管过程中一切正常,其中 0～150 m 为 $\phi$273 mm×8 mm 钢管,150～1 200 m 为 $\phi$159 mm×6 mm 钢管。过滤器为桥式冲压卷焊管($\phi$159 mm×5.7 mm),其安装位置是(自上而下):977～995 m、1 040～1 055 m、1 094～1 118 m、1 127～1 139 m、1 166～1 178 m,累计安装过滤器长度 81 m。

#### 7.5.3.2　事故的复杂化与处理措施

该井下管后进行投砾时出现滤料"架桥"现象,在投砾过程中下入钻具进行冲孔时

也未发现过滤器变形和挤毁,当下入潜水泵进行洗井时发现不出水,此时分别下入$\phi$89mm
和$\phi$73 mm 钻杆探测发现在第一层过滤器 977 m 处开始出现挤毁问题。前期使用自行加
工的锥型工具,直接用$\phi$89 mm 钻杆冲击挤毁过滤器没有任何效果,后来选择 140 mm ×
106 mmSZZ 型双作用石油套管整形器并进行改装(见图 7-15)进行处理起到显著效果。但
是,在处理过程中先后又出现了过滤器破裂和井管脱落和错位,使事故复杂化。具体情
况和处理措施是,①使用改装后的套管整形器处理第一层过滤器(977 m 处)时,由于操作
经验问题出现过滤器严重损毁和破裂而大量出砾料,从而影响了往下继续处理。针对这
种情况我们利用泥浆泵将地面配制的水泥浆注入 977 m 处进行固井,待凝固后用钻头扫
孔形成新的井眼,从而使事故处理继续进行。②当处理到 1 166 m 时,由于下部井管悬空
和长时间冲击导致井管焊缝开裂而脱落并错位严重,$\phi$89 mm 钻具不能正常下入。为了避
免事故的进一步恶化和其他风险,针对该井的特
殊情况并结合地层和设计要求,当即决定终止下
部挤毁过滤器的修复。为了更有把握满足水量要
求和增加开采层厚度,选择石油钻井 SSQ–B 型数
控射孔取芯仪对 910 ~ 923 m、951 ~ 975 m 两段实
管进行射孔,其射孔直径为 12 mm,如图 7-16 所
示。射孔后下入$\phi$108 mm 桥式过滤器起支撑作
用,防止原过滤器再次变形或挤毁,上部采用膨
胀橡胶进行密封。

图 7-16　射孔装药现场

### 7.5.3.3　最终处理效果与体会

对于该井出现的复杂问题并通过上述的技术措施和处理,最终达到了比较满意的效
果。水量 45 m³/h、出口温度 43 ℃、含砂量≤1/100 000、水质为锶–偏硅酸饮用天然
矿泉水,从而避免了整个工作量的报废。

本次过滤器挤毁事故处理对于我们来说是第一次,有许多问题值得总结,其体会如
下所述。

(1)泥浆性能和成井过程中任何一道工序都可能引起过滤器变形或挤毁事故。特别要
控制失水量、泥皮厚度和投砾速度,下管时确保井内压力平衡等。

(2)目前的桥式过滤器生产厂家繁多,质量参差不齐,主要反映在钢板厚度不够、材
质较差、以次充好等。所以,在成井管材选择时要严把质量关和进货渠道。

(3)根据目前的钻探技术和已成熟的事故处理工具,过滤器变形或挤毁事故的成功处
理是可行的。

(4)水文水井与石油钻井技术相互交叉应用,可以取得“取长补短”的效果。如该井
中的石油套管整形器的借鉴和射孔技术的应用,均取得了显著效果。

(5)在该类型事故处理时,一定按照“轻压、慢转、大泵量”操作规程,避免压力和
转速过高造成井内事故的复杂化。

(6)过滤器变形或挤毁事故处理好后,不得进行大降深洗井或抽水。应先下入小一
级过滤器并固定和密封,防止事故过滤器再次出现变形或挤毁。若围填砾料全部到位
并保证不出砂的情况下,可以选择自行加工小一级的过滤器(钻孔或条缝状);若砾料

没有完全到位或下部井管悬空，则必须根据含水层砂粒大小选择合适缝隙的桥式过滤器。

## 7.6　松散层中的吸附卡钻事故与处理技术

这类吸附卡钻与超深层压差卡钻不同，压差卡钻主要是因为泥浆密度过大引起的。松散层吸附卡钻主要发生在黏土层过厚和水敏性地层的情况下，与泥浆密度过大有一定关系，但不是主要因素。在第四系、第三系松散层、黏土、泥岩、页岩等水敏性地层中由于岩层遇水极易出现膨胀、缩径和剥落等问题，从而严重威胁着钻具在井内的安全。所以，在钻进过程中泥浆使用稍有不慎或者突遇停电、泥浆不循环情况下，则很容易导致吸附卡钻事故(也称黏钻)。在郑州地区钻井时，同样常见的问题则是吸附卡钻事故频繁，几乎每眼井都不同程度地遇到此类事故。轻者，强拉或套铣则可在 2 ~ 5 d 内处理完毕；重者，10 ~ 30 d 处理完毕，甚至造成钻具和水井报废，从而造成巨大的经济损失。

### 7.6.1　吸附卡钻成因与特征

吸附卡钻事故的形成有地层客观原因和人为主观原因两个方面，这两种原因同时出现时则容易发生此类事故。

#### 7.6.1.1　客观因素

在客观方面主要是钻遇松散层、黏土层和泥页岩等地层，特别是钻遇较厚黏土地层时，最容易产生吸附卡钻事故。这些地层的共同特点是：①地层岩性力学性能和稳定性差；②具有较强的亲水性，遇水极易产生膨胀、缩径和坍塌，为水敏性地层；③容易形成较厚的泥皮，最大泥皮厚度可达 4 ~ 6 mm；④其主要矿物成分为黏土矿物。原生矿物有石英、长石和云母；次生矿物主要有高岭石、水云母、蒙脱石、倍半氧化物($Al_2O$、$Fe_2O_3$)、$CaCO_3$、$MgCO_3$ 和腐殖质等。

#### 7.6.1.2　人为主观因素

在钻进过程中当遇到上述地层时，若遇到下述人为情况时则很可能导致吸附卡钻事故。①泥浆失水量过大、井壁泥皮厚度大于 2 mm 时；②不提钻维修泥浆泵时间超过 5 min 时；③突然停电或设备故障，而没有及时提钻时；④当钻遇较厚水敏性地层时，没有经常上下提动井内钻具进行划眼时；⑤钻具最大外径与钻井直径间隙过小时；⑥井斜严重或使用弯曲钻杆时。这些都是造成吸附卡钻的人为因素，其中任何一项都可能导致该类事故的发生。

轻微的吸附卡钻特征是，在提钻过程中阻力较大，其提升力超过钻具自身重量的30% ~ 100%，经过强力提升最终可使钻具拉至地面。严重的吸附卡钻特征是：钻具拉不动，反复强力提拔，仅出现钻具材料的拉伸量。其拉伸量根据钻具的长短不同而不同，当拉伸量超过金属材料的极限值时，则钻具可能被拉断。无论是轻微的吸附卡钻还是严重的吸附卡钻，其共同具有的特征是：①粗钻具或钻铤被吸附；②泥浆都可以正常泵入和循环，这也是和埋钻事故最根本的区别。

### 7.6.2　传统处理方法及存在问题

吸附卡钻是钻井工程中常遇到的一种事故，特别是进行深层地热钻井时，由于井深和钻遇黏土层较多。传统的处理技术方法主要有：①采用反丝钻杆将井内的事故钻具一一反出，最后再用大一级的岩芯管将井内钻头或钻铤套出；②采用千斤顶配合强力提拔处理井内事故钻具；③采用套铣法人工转动逐步向下铲取吸附在钻具上的泥皮和水化后的黏土。前 2 种方法由于处理时间长、成本高、对设备和钻具的危害性大，所以逐步被淘汰。目前常用的是"套铣法"，它是广大钻探工作者在长期的实际工作经验中总结出的一种简单的处理方法。如图 7-17 和图 7-18 分别为传统使用的套铣处理工具和典型的吸附卡钻示意图。

(1)套铣法处理原理　首先将事故钻具在井口固定好，卸去主动钻杆。根据被吸附卡钻钻具(钻铤)直径和井径，选择合适的厚壁和长度的钢管或地质钻探岩心管(一般选择直径为 219～245 mm)，下端割成锲状(俗称马蹄口)，焊接在钻杆上并加固。然后套在事故钻具上，通过人工来回旋转钻具逐根向下套铣，套铣过程中阻力较大或工具不下时，可把冲洗液对接到处理工具的钻杆上进行泥浆循环。最终将吸附卡钻的钻具与井壁分离，从而达到解卡目的。

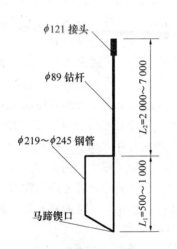
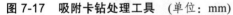

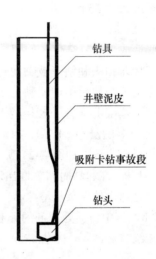

图 7-17　吸附卡钻处理工具　(单位：mm)　　　图 7-18　典型的吸附卡钻示意图

(2)套铣法的主要问题　该方法虽然可以解决一些事故，但是它存在着一定的局限性和问题。当吸附卡钻位置较浅(≤400 m)或者被吸附卡钻地层较为松散并且黏土层较薄(≤5 m)情况下，采用该方法则可达到目的，否则很难处理。与此同时，该方法存在着较大的危险性和其他问题：①井内同时存在 2 套钻具，则很容易引发其他问题，从而使井内事故复杂化。如 2 套钻具同时卡死在井内、折断或套铣工具脱落井内等。②处理时间长、成本高和工人劳动强度大。③井壁和粗钻具吸附面积大时或者地层较硬时，该方法则无能为力。

### 7.6.3　化学—物理处理方法原理及实例

(1)化学—物理处理方法原理　针对传统的套铣法存在的问题，我们根据化学和物理原理，在反复试验的基础上研制出一种 XS-1 解卡剂，取得了显著效果。该解卡剂主要作用原理有 2 个：一个是润滑，减小钻具和井壁间的摩擦阻力；另一个是破坏被吸附卡钻段的黏土结构,从而破坏其强度并使其溶解,最终达到解卡之目的。图 7-19 为黏土矿物的基本结构图,它在一定条件下处于一个稳定状态,并具有一定的强度和黏结力。XS-1 型解卡剂中的 $Cl^-$ 将直接与黏土中的 Al、Ca、Mg 和 Fe 等反应形成可溶性产物和大量的气体。此时,井内的事故钻具在钻机提升力和井内的气体气举作用下轻而易举地提升出井外。

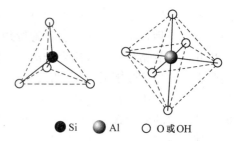

● Si　　◯ Al　　○ O 或 OH

**图 7-19　黏土的基本结构图**

(2)化学—物理处理方法应用实例　郑州某地热钻井工程,设计井深 1 200 m,钻井结构为:0 ~ 220 m 深口径 $\phi$450 mm、220 ~ 1 200 m 深口径 $\phi$311 mm。地层主要岩性为第四系砂质土、砂和黏土互层(较薄),其中 730 ~ 760 m 为较厚的一层褐色硬黏土(吸附卡钻段)。0 ~ 760 m 钻进时间仅用 15 d 时间,当泥浆不循环时,操作人员进行泥浆泵检修后井内钻具拉不动。先后历经 15 d 采用套铣法和强拉等方法均未成功,其事故钻具重量约 16 t,强力提拔最大达 55 t,泥浆循环正常。在采用套铣法处理时先后加工 3 种规格的处理工具,在 734 m 处套铣工具很难下入,并使其下部的马蹄口管子又掉入井内,处理工具多次被卡,险些造成事故复杂化。如图 7-20 是通过化学—物理方法处理事故钻具,从图中可以看出,三牙轮钻头和钻铤被黏泥包裹,其中套铣管脱落后位于钻头上方,并且在套铣管和钻铤之间充满地层中的硬黏土。在传统处理方法不能奏效的情况下,我们结合实际地层和在试验基础上研制了 XS-1 型解卡剂,并通过泥浆泵送入井底,然后把事故钻具拉至 52 t。经过 8 h 的浸泡和作用,事故钻具的拉力自动降至 27 t,此时提升井内的事故钻具,最后顺利处理完毕,如图 7-21 所示。由于本次处理事故使用了 4 t 处理剂,故产生大量的气体。所以,在起钻时间断性出现了 10 余次"井涌"现象。每次"井涌"持续时间 3 min 左右,并且返出的泥浆呈泡沫状,如图 7-22 所示。整个化学—物理处理吸附卡钻事故共用了 12 h,其中包括处理剂的配制、设备检修、泵入处理剂、替浆和浸泡等,其处理费用仅占传统方法的 1 / 10 左右。

**图 7-20　套铣工具脱落和钻头包裹情况**

图 7-21　处理吸附卡钻现场　　　图 7-22　处理后井涌出的"泡沫泥浆"

### 7.6.4　化学—物理处理规程及注意事项

化学—物理处理吸附卡钻是一种新的技术方法，并且具有处理迅速、成本低、劳动强度低、安全可靠等特点。所以，在出现类似问题和事故时，优先推荐使用化学—物理方法。其操作规程和注意事项如下所述。

(1)出现该类事故后，首先根据地质资料和地层情况确定吸附卡钻的准确位置。

(2)根据吸附面积或长度以及井径、钻具直径，计算出事故段环状体积，以便确定处理剂的具体用量。

(3)根据井内事故钻具长度、地面管线长度、泵及其直径计算井底至地面吸入管之间的体积，以便确定替浆量。

(4)一次性配制好所需 XS–1 型解卡剂，分装 30～50 L 塑料桶内密封并运送至事故现场。

(5)选择 1 m³ 铁制或塑料容器 2 个，平放地面或埋入地面以下，其中一个和泥浆泵吸管连接好，盛放配制好的处理剂；另一个盛放清水或现有的泥浆，以备替浆用。

(6)泵入处理剂前一定要进行泥浆泵检修，确保在短时间内迅速将处理剂泵入事故位置。

(7)泵入处理剂和替浆结束后，将事故钻具拉至 30～50 t 固定不动，并停止泥浆循环。然后注意观察钻压仪的数值变化，当数值逐步降低到井内事故钻具重量 1.5 倍左右时，即可提升钻具。

(8)提钻时将会出现"井涌"或"井喷"现象。所以，注意安全和泥浆的回灌，保证井内液柱和地层压力的平衡。

(9)提钻后，由于泥浆性能发生较大变化，故将原泥浆进行重新更换。

(10)由于处理剂具有一定的腐蚀性，故在操作中应注意人身和设备的防护工作。

总之，采用化学—物理方法处理吸附卡钻，是一种行之有效的技术方法。与传统的处理方法相比效果显著，具有"安全可靠、迅速高效、操作方便、成本低和工人劳动强度低"等优点。由于这是一种新的方法，故在处理剂配制方面比较保守，今后将进一步完善和试验应用，以便使该项新技术得到广泛的推广应用。

# 第8章　地热金属井管腐蚀机理与类型

金属被腐蚀而造成的损失是惊人的，全国每年因腐蚀而报废的金属材料和设备，约相当于当年金属产量的1/3，据最新统计表明：由于金属腐蚀问题每年对国民经济造成的损失占总产值的2%~4%，对于石油和化工行业可高达6%，这些还不包括地下金属井管的腐蚀，美国国际标准局(NBS)调查，1975年美国因腐蚀所造成的损失竟高达700亿美元。地热井腐蚀与结垢主要包括地下金属井管和地面设备，地面供热水设备的防腐和除垢可以通过常规的水处理方法进行，而地下金属井管的防腐除垢则难度较大。

我国的地热井管一般均选择普通无缝钢管、螺旋钢管和石油套管(J55或N80钢级)，郑州在800~1500m深的地热井多数采用普通无缝钢管或螺旋钢管；大于1500m的地热井则选择J55或N80钢级的石油套管。据我们近几年用国际先进水平的SJ-2型井下电视彩色检查系统对郑州、开封、漯河、周口、驻马店、新乡等地300余眼地热井的检测发现：井管腐蚀是普遍存在的问题和现象，其中许多地热井在使用1~2年后就出现井管腐蚀破裂、结垢堵塞严重的问题。地下金属井管腐蚀不仅能造成直接的经济损失，而且还能产生潜在的危害和环境问题。

## 8.1　腐蚀定义及金属腐蚀速度的表示方法

### 8.1.1　腐蚀的基本概念和定义

腐蚀(corrosion)这个术语起源于拉丁文"Corrdre"，意为"损坏"、"腐烂"。20世纪50年代前腐蚀的定义只局限于金属的腐蚀。它是指金属在周围介质(最常见的是液体和气体)作用下，由于化学变化、电化学变化或物理溶解而产生的破坏。随着非金属材料(特别是合成材料)的迅速发展，它的破坏才引起人们的重视。从20世纪50年代以后，腐蚀的定义扩大到所有材料，其定义为：由于材料和它所处的环境发生反应而使材料和材料的性质发生恶化的现象，腐蚀对材料影响表现为色泽改变和结构性能的改变。

### 8.1.2　腐蚀速度的表示方法

腐蚀速度又称为腐蚀速率或腐蚀率。文献中有各种表示腐蚀速度的方法和单位。旧的文献中广泛使用mpy(密耳/年)作为腐蚀速度的单位，其中的mil(密耳)是千分之一英寸(inch)，y则代表year(年)，故mpy的物理意义是：如果金属表面各处的腐蚀是均匀的，则金属表面每年的腐蚀深度将是多少mil。

目前，一般均采用SI制(国际单位制)，SI制采用mm/a(毫米/年)或μm/a(微米/年)作为腐蚀速度的单位。它的物理意义是：如果金属表面各处的腐蚀是均匀的，则金属表面每年的腐蚀深度将是多少mm(毫米)或μm(微米)。

换算关系：1 mpy=0.025 mm/a=25 μm/a

金属遭受腐蚀后，其质量、厚度、机械性能、组织结构、电极过程都会发生变化，这些物理性能和力学性能的变化率可用来表示金属的腐蚀程度。在均匀腐蚀的情况下通常采用质量指标、深度指标和电流指标来表示。

#### 8.1.2.1 质量指标

这种指标就是把金属因腐蚀而发生的质量变化，换算成相当于单位金属表面积与单位时间内的质量变化的数值。所谓质量变化，在失重时是指腐蚀前的质量与消除腐蚀产物后质量之间的差值；在增重时系指腐蚀后带有腐蚀产物时的质量与腐蚀前的质量之差，可根据腐蚀产物容易去除或完全牢固地附着在试件表面的情况来选取失重或增重表示法。

$$v = \Delta W / S \cdot t$$

式中 $v$——金属的腐蚀速度，$g / (m^2 \cdot h)$；

$\Delta W$——腐蚀前后金属质量的变化，$g$；

$S$——金属的表面积，$m^2$；

$t$——腐蚀进行的时间，$h$。

#### 8.1.2.2 金属腐蚀速度的深度指标

此指标表示单位时间内金属的厚度因腐蚀而减少的量。在衡量不同密度的各种金属的腐蚀程度时，换算关系为

$$v_L = v \times 8.76 / \rho$$

式中 $v_L$——腐蚀的深度指标，$mm / a$；

$\rho$——被腐蚀金属的密度，一般碳钢为 $7.85\ g / cm^3$。

#### 8.1.2.3 金属腐蚀速度的电流指标

以金属电化学腐蚀过程中阳极电流密度的大小来衡量金属电化学腐蚀速度。可通过法拉第定律把电流指标和质量指标联系起来，两者关系为

$$i_a = v \cdot n \times 26.8 \times 10^{-4} / A$$

式中 $i_a$——腐蚀的阳极电流密度，$A / cm^2$；

$v$——金属的腐蚀速度，$g / (m^2 \cdot h)$；

$n$——阳极反应中化合价的变化值；

$A$——参加阳极反应的金属原子量，$g$。

## 8.2 地热井金属井管腐蚀机理

### 8.2.1 金属腐蚀的基本原理

金属的腐蚀是指金属在周围介质(大气、土壤和地下水)作用下，由于化学变化、电化学变化或物理溶解作用而产生的破坏。包括金属材料和环境介质两者在内的一个具有反应作用的体系。从热力学观点看，绝大多数金属都具有与周围介质发生作用而转入氧化(离子)状态的倾向。因此，金属发生腐蚀是一种到处可见的自然现象。

自然界中多数金属通常是以矿石形式存在的，即以金属化合物的形式存在。如铁在自然界中多为赤铁矿，其主要成分是 $Fe_2O_3$，而铁的腐蚀产物——铁锈，其主要成分也是 $Fe_2O_3$。可见，铁的腐蚀过程就是金属铁恢复到它的自然存在状态(矿石)的过程。但若要从矿石中冶炼金属，则需要提供一定的能量(热能或电能)才可完成这种转变。所以金属状态的铁和矿石中的铁存在着能量上的差异，即金属铁比它的化合物具有更高的自由能。

所以，金属铁具有放出能量而回到热力学上更稳定的自然状态——氧化物、硫化物、碳酸盐及其他化合物的倾向。显而易见，能量上的差异是产生腐蚀反应的推动力，而放出能量的过程便是腐蚀过程。伴随着腐蚀过程的进行，将导致腐蚀体系自由能的减少，故它是一个自发过程。

从热力学的观点看，金属腐蚀破坏是因为金属材料处于不稳定状态，它有与周围环境介质发生作用转变成金属离子的倾向。地下金属井管腐蚀、结垢与破坏影响因素较多，并且其腐蚀过程复杂。但是，从宏观上来看，可把井管破坏的基本特征分为全面腐蚀和局部腐蚀两大类。

对于地热井，其腐蚀主要类型是电化学腐蚀，并且其危害也最大。

### 8.2.2　金属的电化学腐蚀

金属与电解质溶液作用所发生的腐蚀，是由于金属表面发生原电池作用而引起的，这一类腐蚀称电化学腐蚀。如电偶腐蚀、缝隙腐蚀、生物腐蚀等均属电化学腐蚀。其中活泼的部位称为阳极，腐蚀学上把它称为阳极区；而不活泼的部位则称阴极，腐蚀学上把它称为阴极区。当金属井管表面粗糙、杂质含量高、水中溶解氧浓度差等问题存在时，在水介质中的金属井管都会形成许多腐蚀电池。电极电位小者成负极，容易失去电子遭受腐蚀；电极电位大者成正极，正极区不遭受腐蚀。在一般中性水中，其腐蚀机理为电化学的氧化还原反应，其电极反应式为

阳极区　　　　$Fe \rightarrow Fe^{2+} + 2e$

阴极区　　　　$1/2 \, O_2 + H_2O + 2e \rightarrow 2OH^-$

当亚铁离子和氢氧根离子在水中相遇时，则生成 $Fe(OH)_2$ 沉淀

$$Fe^{2+} + 2OH^- \rightarrow Fe(OH)_2$$

图 8-1 为金属井管(碳钢)在含氧中性水中的腐蚀机理示意图。

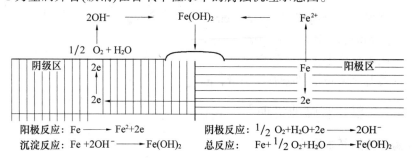

**图 8-1　金属井管(碳钢)在含氧中性水中的腐蚀机理**

若水中的溶解氧比较充足，则 $Fe(OH)_2$ 会进一步氧化，生成黄色的锈 $FeOOH$ 或 $Fe_2O_3 \cdot H_2O$(见图 8-2)，而不是 $Fe(OH)_3$。若水中的氧不足，则 $Fe(OH)_2$ 进一步氧化成为绿色的水合四氧化三铁或黑色的无水四氧化三铁，如图 8-3 为黄河迎宾馆 600 m 井底排出大量的黑色腐蚀产物。

## 8.3　影响金属井管腐蚀的主要因素

金属腐蚀是金属与周围环境作用而引起的破坏。影响金属腐蚀行为的因素很多，它

金属挂片试验时，容器内腐蚀产物
(120 d)(FeOOH 或 Fe$_2$O$_3$·H$_2$O)

图 8-2　黄褐色腐蚀产物　　　　　图 8-3　黑色的腐蚀产物

既与金属自身的因素有关，又与腐蚀环境密切相关。特别是地下金属井管，其腐蚀过程和影响因素更为复杂。

### 8.3.1　金属井管材料的影响

#### 8.3.1.1　金属的化学稳定性

金属耐腐蚀性的好坏，首先与其本性有关。各种金属的热力学稳定性可近似地用其标准电位来评定。电位值越大，金属的稳定性越高，金属越耐腐蚀。反之，金属离子化倾向越高，金属就越易腐蚀。但是也有一些金属如 Al 等，虽然活性大，由于其表面易生成保护膜，所以具有良好的耐腐蚀性。

图 8-4 为部分金属和合金的电偶序(即标准电极电位)。金属的电极电位和其耐腐蚀性只是在一定程度上近似地反映其对应关系，并不存在严格的规律。

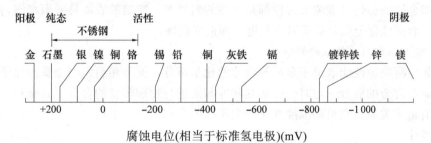

腐蚀电位(相当于标准氢电极)(mV)

图 8-4　部分金属和合金的电偶序(标准电极电位)

从图 8-4 中可以看出，不同的金属其标准电极电位值不同，在河南几乎所有的地热或中深井工程中使用的金属井管材料为 20 号钢，即含碳(C)量在 0.17% ~ 0.24%；有些 200 ~ 300 m 的供水井采用的井管为铸铁，其含碳(C)量大于 2.06%；部分 300 ~ 600 m 的中深井采用球墨铸铁管，其含碳(C)量在 3.8% ~ 4.0%。另外，所有的井管材料中还含有 Mn、S、P、N、Si 等杂质。图 8-4 中从左到右金属的活泼性依次增强，其中，石墨(C)、钢、灰铁、镀锌铁都是钻井工程中常用的材料，并且其电极电位相差较大，从而组成了许多腐蚀原电池。

#### 8.3.1.2　金属成分的影响

由于纯金属的各种性能不能满足工业要求，因此在实际应用中多采用他们的合金(如改善钢材的质量、强度、可加工性等)。合金又分单相合金和多相合金。

(1)单相合金　单相固溶体合金，由于组织均一，具有较高的化学稳定性，因而耐腐蚀性就较高，如图 8-4 中左部分的不锈钢。

单相合金的腐蚀速度与稳定的贵金属组分的加入量有一特殊的规律叫"$n/8$"(原子分数)定律，也就是当贵金属(化学稳定性较高的金属)组分的含量占合金的 12.5%、25%、50%等时，合金的耐腐蚀性才突然提高。

(2)两相或多相合金　由于各相的化学稳定性不同，在与电解质溶液接触时，在合金表面上形成许多腐蚀微电池，所以比单相合金溶液更容易遭受腐蚀。但也有耐腐蚀性很高的多相合金，如硅铸铁、硅铅合金等。

合金的腐蚀速度与以下三点有关，①当合金各组分存在较大电位差时，合金就易腐蚀；②若合金中阳极以夹杂物形式存在且面积较小时，阳极首先溶解，使合金成为单相，对腐蚀不产生明显的影响；③若合金中阴极相以夹杂物形式存在，阳极作为合金的基底将遭受腐蚀，且阴极夹杂物分散性越大，腐蚀就越强烈。

#### 8.3.1.3　金属表面状态的影响

腐蚀过程主要在金属与介质之间的界面上进行，所以，因腐蚀造成的破坏一般先从金属表面开始，然后伴随着腐蚀的进一步发展，腐蚀破坏将扩展到金属材料内部，并使金属性质和组成发生改变。金属表面状态对腐蚀过程的进行有显著的影响。一般在金属的表面上具有钝化膜，故金属的腐蚀过程与这一保护层的化学成分、组织结构等密切相关。

表面光滑的金属材料表面易极化，形成保护膜。而加工粗糙不光滑的金属表面容易腐蚀，如金属的擦伤、缝隙等部位都是天然的腐蚀源。粗糙的表面易凝聚水滴，造成大气腐蚀，而深洼部分则易造成氧浓差电池而遭受腐蚀。

#### 8.3.1.4　金相组织与热处理的影响

金属的耐腐蚀性能取决于金属及合金的化学组分，而金相组织与金属的化学组合密切相关。当合金的成分一定时，随加热和冷却能进行物理转变的合金，其金相组织就与热处理有密切关系，它将随温度变化产生不同的金相组织，而后者的变化又影响了金属的耐腐蚀性。

#### 8.3.1.5　变形及应力的影响

金属在加工过程中变形，产生很大的内应力，其中拉应力能引起金属晶格扭曲而降低金属电位，使金属腐蚀过程加速，而压应力则可降低腐蚀破裂的倾向。在钻井工程中，所有的金属井管在下管过程中均受到较大的拉应力和焊接应力，其中在井管的上部拉应力最大。

### 8.3.2　环境的影响

地下金属井管所处的腐蚀环境主要有大气(地下水位裸露在空气中的井管部分，一般在 0～100 m 之间)、土壤和地下水，其中土壤和地下水环境是金属井管腐蚀的主要介质。

#### 8.3.2.1　介质酸碱性对腐蚀的影响

介质的 pH 值变化对腐蚀速度的影响是多方面的。因为氢离子是有效的阴极去极剂，所以当 pH 值变小时，将有利于腐蚀的进行。另外，pH 值的变化对金属表面膜的溶解及保护膜的生成均有影响，因而也将影响到金属的腐蚀速度。河南区域内的地热(中深)井的水，一般 pH 值均大于 7，故在实际中的影响不大。但是，对于一些化工厂和需要酸处理的厂矿企业，由于酸的渗漏致使土壤或地下水遭受污染时，将会产生此类型的腐蚀。

介质酸碱性对腐蚀速度的影响有以下三类。①标准电极电位较正，稳定性高的金属，腐蚀速度较小，pH 值的影响也小，如图 8-5(a)所示。②两性金属如锌、铝、铅等，表面膜在酸性和碱性溶液中均可溶，只有在中性溶液中才具有较小的腐蚀速度，如图 8-5(b)所示。③一般金属如铁、镁等，其保护膜只溶于酸而不溶于碱，如图 8-5(c)所示。

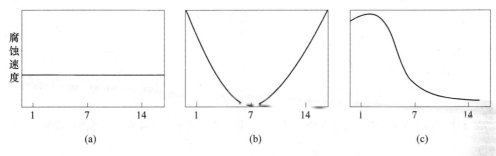

**图 8-5　介质 pH 值对金属腐蚀速度的影响**

#### 8.3.2.2　介质的成分及浓度的影响

不同成分和浓度的介质，对金属腐蚀有不同的影响。在非氧化性酸中(如盐酸)，金属随介质浓度的增加，腐蚀速度加大。而在氧化性酸中，当浓度增加到一定数值时，表面即生成钝化膜，腐蚀就出现一个峰值，即使再增加浓度，腐蚀速度也不会增大。如碳钢、不锈钢等在浓度为 50% 左右的硫酸中腐蚀最为严重，当浓度增加到 60% 以上时，腐蚀反而急剧下降。

在稀碱液中，铁能生成不易溶解的氢氧化物，使腐蚀速度减小，但当碱液的浓度增加时，则会使其溶解，铁的腐蚀速度就会增大。

不同盐类溶液的性质对腐蚀也有较大的影响。非氧化性酸性盐类能引起金属的强烈腐蚀。中性及碱性盐类对金属的腐蚀主要是氧的去极化作用，腐蚀性要比前者小。氧化性盐类有钝化作用，如果浓度得当，可作为缓蚀剂。

(1)地下水中的阴离子　金属井管的腐蚀速度与水中的阴离子的种类有密切关系。地下水中不同的阴离子在增加金属腐蚀方面具有以下顺序：

$$NO_3^- < CH_3COO^- < SO_4^{2-} < Cl^- < ClO_4^-$$

温度较低的水环境情况下 $Cl^-$ 等活性离子能破坏碳钢，增加其腐蚀反应的阳极过程速度，引起金属井管的局部腐蚀。

(2)硬度　地下水中的钙镁离子浓度总和称水的硬度。钙镁离子浓度过高时，则会与水中的碳酸根、磷酸根或硅酸根作用生成碳酸钙和硅酸镁垢，引起垢下腐蚀。

(3)溶解气体　在地下水中存在着氧、二氧化碳、硫化氢、二氧化硫等可溶解气体，它们对金属井管的腐蚀起着一定的作用。其中，氧在中性水中对金属的腐蚀起着重要的作用。二氧化碳在地下水中生成碳酸或碳酸氢盐，使水中的 pH 值下降，水的酸性增加，将有助于氢的析出和金属表面膜的溶解破坏，没有氧存在时，溶解状态的二氧化碳会导致钢的腐蚀，在地热矿泉水井中含有大量的二氧化碳。在地热或医疗矿泉水井中存在较高浓度的硫化氢、二氧化硫，这两种溶解性气体同样对钢有着很强烈的腐蚀作用。图 8-6 为溶解氧与腐蚀速度的关系曲线，从图中可以看出，同样浓度的溶解氧在温度较高条件下腐蚀速度比普通冷水高。

实际中，有些情况下，腐蚀速度与温度的关系较为复杂，随温度的增加，氧分子溶解度减小，氧浓度下降，腐蚀速度也下降。如图 8-7 所示。

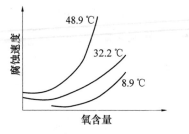

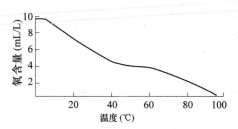

图 8-6　腐蚀速度与氧、水温度的关系　　　图 8-7　氧在水中溶解氧与温度的关系

### 8.3.2.3　井内悬浮固体影响

在所有的地热(中深)井中都不同程度存在着由泥土、砂粒、尘埃、腐蚀产物(垢)、微生物黏泥等不溶性物质组成的悬浮物。当水井流速较低或不经常使用的时候，这些悬浮物容易在井壁管上或缝隙处、变径处、滤水管等部位生成松散的沉积物，从而引起垢下腐蚀。当抽水速度过高或强力开采时，则容易引起磨损腐蚀。

### 8.3.2.4　井内流速的影响

地热井金属井管腐蚀主要是耗氧腐蚀。因此，在流速低的情况下，金属的腐蚀速度随水的流速增加而增加。这是因为水的流速增加，水携带到金属表面的溶解氧的含量也随之增加。当水流速足够高时，足量的氧到达金属表面，使金属部分或全部钝化，此时金属的腐蚀速度将下降。若水流速度继续增大时，水对金属表面上的钝化膜的冲击腐蚀将使金属的腐蚀速度重新增大。

### 8.3.2.5　井内地下水温度的影响

一般情况下，金属的腐蚀速度随温度的增加而增加。如图 8-8 为金属井管的挂片腐蚀试验图片。

从图中可以看出，同样的金属井管挂片，在不同温度条件下，其腐蚀速度和结垢速度是不同的，其中在加热(50 ℃)条件下结垢物最多。许多地热井的金属井管在 2 ~ 3 年就出现腐蚀破裂或堵塞，足以证明上述结论。

### 8.3.2.6　土壤中微生物对腐蚀的影响

土壤中细菌作用而引起的腐蚀称为生物腐蚀。一般来说，腐蚀金属井管的微生物有 6 种类型，其中关系密切且往往伴生在一起的是铁细菌和硫酸盐还原菌 2 种类型。铁细菌数量随着地下深度增加稍微有所下降，而硫酸盐还原菌数量却明显增加。2 种细菌在 1 ~

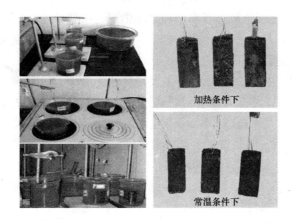

**图 8-8　不同温度下金属井管材料腐蚀与结垢速度**

4 月份含量都较低，而 6～9 月份含量最高。其繁殖受地下温度影响，在常温范围内细菌数增加，低温或高温时减少。

在一些缺氧的土壤中有细菌参加腐蚀过程，细菌腐蚀是由于硫酸盐还原菌的作用引起的。硫酸盐还原菌生长在土壤中，是一种厌氧菌，它参加电极反应，将可溶的硫酸盐转化为硫化氢，并和铁作用生成硫化亚铁。这种细菌生长在潮湿并缺氧的土壤中，当土壤的 pH 值在 5～9 之间，温度在 25～30 ℃时最有利于细菌的生长和繁殖。硫酸盐还原菌的腐蚀通常有以下 3 种特征，即腐蚀坑充满黑色腐蚀产物，用盐酸处理时释放出硫化氢；腐蚀产物下面的金属表面往往是发亮的；腐蚀坑表面外形是圆形，其横断面是圆锥形，在坑内呈同心环状。

实际中，金属井管表面由于 2 种细菌对微电池起着阴阳极的去极化作用而加速井管的电化学腐蚀，这种电化学腐蚀的持续进行，使腐蚀产物体积不断增大，在井管表面鼓起包来，这就是我们常见的"锈瘤"。在水井中一般在静水位和动水位之间或附近最常见，其深度在 0～300 m 之间最为严重，而在水温 40 ℃以上时几乎没有这些现象。

#### 8.3.2.7　井内电偶对腐蚀的影响

不同的金属材料和合金与腐蚀介质接触时将产生电偶效应，电位较负的金属在电偶中成为阳极被强烈腐蚀。电偶腐蚀的动力是 2 种金属间的电位差，差值越大，阳极腐蚀就越严重。

对于电偶腐蚀还应特别注意距离效应和面积效应。在电偶中，当阳极面积较大时，腐蚀并不显著，如面积过小，阳极的电流密度过大，就易发生严重的孔蚀。再者就是距离效应。电偶效应引起的加速腐蚀，一般在连接处最大，距离越远，腐蚀越小，距离的影响还取决于介质的导电率。

## 8.4　金属井管的腐蚀试验

通过前面的研究和分析，我们可以很清楚地认识到，影响地下金属井管腐蚀的因素很多，并且是一个复杂的腐蚀过程。由于特殊环境(金属材料自身因素、地下水、温度、压力等)的综合影响，所以实际中的地下金属井管将受到联合腐蚀的作用(多种类型的腐蚀)。为了能够直观地了解金属井管腐蚀和结垢情况，以便采用有效的预防措施，我们选择实验室和野外检测(SJ－2型井下彩色电视检查系统)等手段进行腐蚀研究。

### 8.4.1　金属井管腐蚀模拟试验

由于河南的地热井使用的成井管材主要是普通无缝钢管(20号碳素结构钢)和球墨铸铁管，过滤器为Q235A3钢板冲压卷焊桥式镀锌滤水管。使用2～3年后，都普遍出现井管破裂、水量减小、出混水(砂)、水温下降、水质污染等现象。通过多年的研究可以足够证明，这些现象的出现主要是由于金属井管的腐蚀与结垢问题造成的。所以，进行地热金属井管腐蚀与结垢试验研究对超深地热井的材料选择和防腐具有一定的指导意义。

(1)试验条件与环境　整个研究工作分室内金属挂片模拟试验和野外井下彩色电视检测与取样分析相结合，同时选择二种不同金属材料(普通钢和球墨铸铁管)在室温和 50 ℃水环境下进行的室内试验。

(2)金属试片成分和规格　金属试片均在实际使用井管选取并通过刨、铣、钻、磨加工成规定的粗糙度和尺寸，并经处理、称重后放置在容器内。试验井管材质见表 8-1，图 8-9 是腐蚀试片，其规格为 25 mm × 50 mm × 2 mm(总面积 28 cm²)。

**表 8-1　试验金属井管材料情况及主要成分**

| 材质 | 化学成分　(%) | | | | |
| --- | --- | --- | --- | --- | --- |
| | C | Si | Mn | P | S |
| $\phi$273 mm 无缝钢管(20号钢) | 20 | 20 | 54 | 1.2 | 1.8 |
| $\phi$159 mm 无缝钢管(20号钢) | 19 | 26 | 45 | 1.8 | 1.1 |
| 桥式滤水管(Q235A3) | 17 | 20 | 46 | 13 | 5 |
| 铁素体基体的球墨铸铁 | 3.4 ~ 3.8 | 2.4 ~ 2.8 | ≤0.5 | ≤0.08 | ≤0.02 |

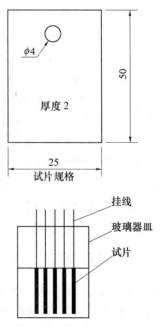

**图 8-9　井管挂片腐蚀试验**　(单位：mm)

(3)试验水质　试验用水全部选用郑州市公安局收容所院内 1 200 m 深的地热矿泉水，其水质情况是：总硬度为(CaCO₃计)25 mg／L，pH 值为 8.05，矿化度为 944.66 mg／L，$Cl^-$ 为 30.846 mg／L，$SO_4^{2-}$ 为 66.766 mg／L，$HCO_3^-$ 为 558.946 mg／L，溶解氧 DO 为 6.3 mg／L，化学需氧量 COD 为 13.87 mg／L，Cr 为 0.015 mg／L，总磷为 0.04 mg／L，细菌总数小于 100 个，$BOD_5$ 为 1.4 mg／L，氨氮≤0.02 mg／L。

### 8.4.2　试验情况及结果分析

室内试验总时间为 240 d，金属井管挂片试验为 120 d。该种试验方法的主要优点是简单、易操作并且随时可以直接观察腐蚀情况(如颜色变化、结垢物附着位置、形态、腐蚀分布情况等)；其缺点是试验环境与实际井下有一定差别。本次室内的腐蚀模拟试验所处的环境和介质主要是大气环境(溶解氧浓度较高)和水环境，没有涉及土壤的腐蚀环境；再者是在静止状态下进行的试验，故不存在流速、悬浮物、压力、拉应力等影响。实际中，地下金属井管的腐蚀速度要比试验快得多。表 8-2、表 8-3 是不同材质的金属井管分别在不同温度环境中的腐蚀失重情况。

表 8-2　20～25 ℃温度条件下不同材料金属井管腐蚀失重情况　　（单位：mg）

| 试片编号 | 材料 | 试片重量(g) | 30 d 时失重 | 60 d 时失重 | 90 d 时失重 | 120 d 时失重 |
|---|---|---|---|---|---|---|
| 1 | 无缝钢管 | 18.037 | 0.62 | 1.36 | 3.22 | 5.31 |
| 2 | 球墨铸铁管 | 17.264 | 0.95 | 0.85 | 1.86 | 1.395 |

表 8-3　50 ℃温度条件下不同材料金属井管腐蚀失重情况　　（单位：mg）

| 试片编号 | 材料 | 试片重量(g) | 30 d 时失重 | 60 d 时失重 | 90 d 时失重 | 120 d 时失重 |
|---|---|---|---|---|---|---|
| 1 | 无缝钢管 | 18.037 | 0.63 | 0.7 | 1.38 | 1.15 |
| 2 | 球墨铸铁管 | 16.45 | 1.17 | 0.67 | 1.874 | 4.271 |

腐蚀速度计算

$$v = 87.6 \Delta W / (S \cdot \rho \cdot t)$$

式中　$v$——腐蚀速度，mm／a；

$\Delta W$——试片的失重，mg；

$S$——试片的总表面积，cm²；

$\rho$——金属的密度，g／cm³(碳钢 7.85)；

$t$——试验时间，h。

把表 8-2、表 8-3 试验数据代入上述公式得出以下结果：

20～25 ℃水温条件下，无缝钢管和球墨铸铁管的平均腐蚀速度分别是：$5.121 \times 10^{-4}$ mm／a、$3.244 \times 10^{-4}$ mm／a。

50 ℃水温条件下，无缝钢管和球墨铸铁管的平均腐蚀速度分别是：$2.390 \times 10^{-4}$ mm／a、$4.425 \times 10^{-4}$ mm／a。

从计算结果可以看出，20 号钢的无缝管在常温情况下，其腐蚀速度是 50 ℃水温条件下的 2.143 倍。而球墨铸铁管在较高温度下，其腐蚀速度比低温条件下要快。

众所周知，氧直接在阳极处攻击金属而引起腐蚀。一般情况下，所有地下水中都不同程度地存在着溶解氧，这在腐蚀学上称为浓差电池腐蚀。氧的腐蚀速度受浓度、温度、pH值等因素的制约。氧在水中的溶解度随液温度的升高和矿化度的增加而下降，所以在一定温度范围内金属井管腐蚀速度随温度升高而升高，继而随氧消耗而下降，另外，当温度高时细菌不能存活，从而可以避免硫酸盐菌和铁细菌腐蚀。由此可以看出金属井管腐蚀是一个复杂的过程。

### 8.4.3　不同金属材料的腐蚀试验

郑州1 200 m左右的地热井使用管材主要是无缝钢管和镀锌桥式滤水管。如图8-10和图8-11为无缝钢管和镀锌桥式滤水管试片同时在水介质中分别为30 d和120 d时的腐蚀试验情况。

图 8-10　30 d 的腐蚀试验情况　　　　图 8-11　120 d 时结垢物堵塞情况

从图8-10中可以看出，当两种不同材料在同一水介质中，首先在普通钢管表面形成一层约1 mm的腐蚀产物，而镀锌桥式滤水管表面几乎未遭受腐蚀。但是，当试验时间达到120 d时普通钢管的腐蚀速度相对减缓，而镀锌桥式滤水管腐蚀速度相对加快，并产生大量的结垢物(锈瘤)堵塞其缝隙(见图8-11)。

## 8.5　地热井腐蚀主要类型

通过试验、野外实际检测和工程技术现状，一般情况下，地热井腐蚀的主要类型有均匀腐蚀、电偶腐蚀、缝隙腐蚀、磨损腐蚀、应力腐蚀、溶解氧浓差腐蚀和生物腐蚀等。这几种腐蚀同时存在，在井内起到了联合腐蚀的作用，并多以局部腐蚀和穿孔的形式出现。

### 8.5.1　均匀腐蚀

又称全面腐蚀或普遍腐蚀。其特点是腐蚀过程在金属的全部暴露表面上均匀地进行，在腐蚀过程中，金属逐渐变薄最后破坏。对于普通管材而言，均匀腐蚀主要发生在较低的pH值环境中。另外，用酸洗井、附近有化工厂或金属处理车间时，由于长期的酸渗漏或酸污染，也可产生均匀腐蚀。有些地区的土壤中，由于缺少碱金属、碱土金属而大量吸附$H^+$，使pH值小于5。其酸性的来源主要有：①雨水中的碳酸；②微生物和植物根部的代谢产物；③有机物分解过程中产生的有机酸；④硫化亚铁氧化生成的硫酸；⑤化肥的分解。

一旦土壤遭受酸性污染，吸附在黏土和腐殖质上的碱性金属离子和$H^+$替换而引起土壤中这些金属离子的缺乏，从而使土壤呈酸性。该种类型的腐蚀一般发生在浅部井段(0～150 m)。

### 8.5.2　电偶腐蚀

又称双金属腐蚀或接触腐蚀。当两种不同金属在同一介质水中时，两种金属之间通常存在着电位差，从而驱使电子流动，形成一个或多个腐蚀电池。金属井管中含有不同的金相或杂质，普通钢管与镀锌滤水管(或铸铁管)在同一井内时，则很容易发生电偶腐蚀，并且腐蚀与结垢速度极快。图 8-12 是 20 号无缝钢管和镀锌桥式滤水管的腐蚀试验，图中分别为 60 d 和 90 d 时的腐蚀情况。从图中可以看出：在腐蚀的初期，20 号无缝钢管表面腐蚀较为严重，镀锌管出现了轻微腐蚀(见图 8-12(a))；当试验时间达到 90 d 以上时，镀锌管腐蚀严重，并出现缝隙堵塞，而无缝管则腐蚀减慢(见图 8-12(b))。

(a)　　　　　　　　　　　　(b)

**图 8-12　不同材料在同一地热水介质中腐蚀情况**

目前，河南几乎所有的水井都是采用这种滤水管和钢管进行成井，该种类型的腐蚀在郑州地热(中深)井中较为普遍。

另外，许多单位在选择抽水设备时，都选择价格昂贵的进口不锈钢潜水泵和泵管，这样也会导致电偶腐蚀。如河南省广播电台局家属区 800 m 地热井、黄委会家属区 600 m 矿泉井、郑州市烟草局家属区 600 m 矿泉井等，其井管都是 20 号无缝钢管，而水泵和泵管均为丹麦产的不锈钢产品。结果在分别使用 3 个月、12 个月和 15 个月时出现了水泵电动机烧毁(泵体上包裹 2～5 mm 带方向性的黑色污泥)和井内出现大量的灰黑色漂浮物，并且水量都不同程度上减小。通过观察和分析可以断定是一种典型的电偶腐蚀。

该类型的腐蚀一般发生在普通井管和镀锌桥式滤水管连接处或镀锌管缝隙处；当井内采用不锈钢抽水设备时，此类型的腐蚀在下泵位置附近。

### 8.5.3　缝隙腐蚀

又称垢下腐蚀、沉积腐蚀等。在地下金属井管中，当存在缝隙或其他隐蔽区域时，常会发生强烈的局部腐蚀。这种腐蚀常和孔穴、搭接缝、表面沉积物、金属腐蚀物等缝隙内积存少量的静止水有关。产生缝隙腐蚀的沉积物有泥沙、尘埃、腐蚀产物、水垢、微生物黏泥和其他固体。沉积物的作用是屏蔽，在其下面形成缝隙，为水不流动创造条件。这种腐蚀常发生在最下部的滤水管缝隙处、井管的搭焊处和变径位置。

### 8.5.4　磨损腐蚀

又称冲击腐蚀、冲刷腐蚀(Erosion–corrosion)或磨蚀。磨损腐蚀是由于腐蚀性流体和金属表面间的相对运动引起的加速破坏和腐蚀，是机械性冲刷和电化学腐蚀交互作用的结果。当液流中含有固相颗粒时即构成所谓的液／固双相流冲刷腐蚀。多数地热(中深)井中都含有泥砂颗粒，当抽水时，在地下水上返时即产生磨损腐蚀。由于所有的地热(中深)井内都不同程度地含有泥沙或其他固体物，所以该类型的腐蚀也是最常见的。该类型腐蚀主要发生在滤水管位置，另外，水泵的下入位置和法兰式泵管处也容易引起磨损腐蚀。

冲刷腐蚀是一个很复杂的过程，影响因素众多，主要有材料、环境和流体力学三个方面。其中，流速流态对冲刷腐蚀具有十分重要的影响。在流态发生变化的部位(如突然扩充、收缩、凸台、凹槽等)会造成管材过早失效。对于水井来说，变径部位最容易产生此类型的腐蚀，如图 8-13 所示。

另外，井内颗粒性质对液／固双相冲刷也有很大影响。一般条件下，颗粒硬度越高，冲刷腐蚀越严重。颗粒浓度越大，冲刷腐蚀速度的绝对值越大，但不是直线上升，高浓度条件下颗粒间的相互影响所引起的"屏蔽效应"使其冲刷作用降低。颗粒半径越大，冲刷腐蚀速度越大。图 8-14 是冲刷腐蚀破坏金属表面的示意图。

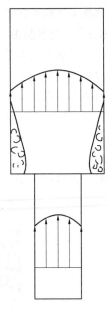

图 8-13 变径位置的冲刷

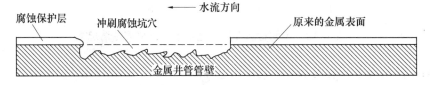

图 8-14 冲刷腐蚀破坏金属表面的示意图

### 8.5.5 应力腐蚀

应力腐蚀破裂是在拉应力和特定腐蚀介质的共同作用而引起的金属破坏。应力腐蚀的特点是：大部分表面实际未遭受破坏，只是在应力集中的部位产生局部破坏，有的是有一部分细裂纹穿透金属内部。应力腐蚀重要的变量是温度、水质成分、应力等。在井内由于井管同时产生巨大的拉应力和焊接应力。所以，多数应力腐蚀出现在井管与井管的焊接部位，如图 8-15 是井管在焊接处同时受焊接应力和拉应力作用下产生的应力腐蚀破裂。此种类型的腐蚀一般发生在井管的上部和井管间的焊接处。

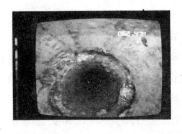

图 8-15 井管的应力腐蚀破坏

### 8.5.6　溶解氧浓差腐蚀

金属井管在地下水中，由于上下井段内的溶解氧浓度不同，其电极电位也不同，这样就构成了浓差腐蚀电池。实际中，井内静水位与动水位之间和水泵泵头处氧的浓度较大，井的深部位置浓度最小。其电极反应式为

$$O_2 + 2H_2O + 4e = 4OH^-$$
$$\psi = \psi^0 + 0.014\,775\,\lg([O_2] / [OH^-]^4)$$

从上式可以看出：$O_2$ 浓度越大，相应的电极电位 $\psi$ 的代数值也越大，即为正极；而电极电位 $\psi$ 小者为负极而遭受腐蚀。

### 8.5.7　微生物腐蚀

微生物腐蚀是一种电化学腐蚀，所不同的是介质中因腐蚀微生物的繁衍和新陈代谢而改变了与其相接触的材料界面的某些物理化学性质。微生物腐蚀所造成的经济损失是惊人的，Iverson 在 1972 年就估算美国的油井所发生腐蚀的 77% 以上是由于硫酸盐还原菌(Sulfate-Reducing Bacteria，简称 SRB)所引起的，1985 年估算美国因微生物腐蚀所造成的经济损失达 160 亿 ~ 170 亿美元。英国 Booth 估算，埋地金属腐蚀至少有 50% 是来自微生物腐蚀。所以，微生物腐蚀类型在地热(中深)井中也是最为常见和重要的。

自然界中影响金属腐蚀的微生物种类繁多，其生活在海水、淡水和土壤中。美国腐蚀工程学会(NACE)将影响金属腐蚀的细菌分为 4 类，不同的菌类产生不同的腐蚀机理，地热井腐蚀主要为硫酸盐还原菌和铁细菌腐蚀。

#### 8.5.7.1　硫酸盐还原菌引起的厌氧腐蚀

微生物中 SRB 对金属腐蚀的影响最大。目前国际上公认的 SRB 腐蚀原因是由于其活动通过氢化酶由金属表面去氢的作用，反应式为

阳极反应：　$4Fe \rightarrow 4Fe^{2+} + 8e$

水的电离：　$8H_2O \rightarrow 8H^+ + 8OH^-$

阴极反应：　$8H^+ + 8e \rightarrow 8H$

阴极去极化：　$SO_4^{2-} + 8H \rightarrow S^{2-} + 4H_2O$

腐蚀产物：　$Fe^{2+} + S^{2-} \rightarrow FeS \downarrow (黑色)$

腐蚀产物：　$3Fe^{2+} + 6OH^- \rightarrow 3Fe(OH)_2$

总反应：　$4Fe + SO_4^{2-} + 4H_2O \rightarrow 3Fe(OH)_2 + FeS + 2OH^-$

这种理论被认为是经典的去极化理论，由 SRB 活动产生的硫化氢、硫化亚铁和细菌氢化酶保证了阴极反应所需的氢，也决定了阴极去极化及金属腐蚀的速度。由于硫化氢在金属表面沉积相对增加阴极涵盖面积，有利于氢的还原，也加速了金属的局部腐蚀。

地下水中金属井管微生物腐蚀的形态可以是严重的均匀腐蚀，也可以是缝隙腐蚀和应力腐蚀，从现象上来看主要为点蚀。

#### 8.5.7.2　好氧腐蚀

好氧腐蚀为铁氧化菌、硫化菌和铁细菌等，通过硫细菌产生硫酸可以发生好氧腐蚀。硫酸是通过各种无机硫化物的氧化而产生。这些细菌在硫酸浓度 10% ~ 12% 时尚能存活，这些条件下铁和低碳钢可遭受严重腐蚀。

另一种原因是在好氧条件下，金属表面细菌繁衍而形成一个高低不平不规则的生物

膜(微生物黏泥、固体颗粒、腐蚀产物及微生物代谢产物所组成)并逐渐长大结瘤。由于微生物的活动使生物膜内的环境发生了变化,如氧浓度、pH 值、酸碱度等,使金属表面形成阴极区和阳极区,导致点蚀和局部腐蚀。

铁细菌是好氧菌,它包括嘉氏铁杆菌(Gallionella)、球衣细菌(Sphaerotilus)、鞘铁细菌(Siderocapsa)和泉发菌(Crenothrix)。其中的一些细菌可以将二价铁氧化成三价铁,使之以鞘的形式沉淀下来,同时还产生大量的黏液,构成"锈瘤"阻碍氧的扩散,"锈瘤"下面的金属表面常处于缺氧状态,从而构成氧浓差电池引起金属的腐蚀。

从图 8-16 可以清楚地看出,由于井管的腐蚀与结垢,其滤水管部分的进水通道基本全部被堵塞,其中右图地热井 805 m 井段腐蚀结垢更为严重。

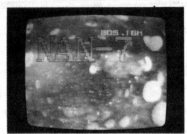

图 8-16　典型的井管腐蚀与结垢

## 8.6　郑州地热井腐蚀研究结论与建议

通过研究分析,我们可以得出以下结论和建议。

(1)通过室内试验和野外实际情况证明:金属井管的腐蚀伴随着结垢,结垢又加速腐蚀,二者相互伴生、同时存在。即井管的腐蚀将产生一些结垢性腐蚀产物和微生物黏泥等,从而导致水质恶化、水量减小或破裂。

(2)一般情况下,普通的无缝钢管在 20～25 ℃水温条件下,腐蚀速度比 50 ℃水温条件下快 2.143 倍。这是因为在 20～25 ℃水温条件下最有利于细菌的大量繁殖和生存,此时微生物腐蚀占主导地位。

(3)金属的均匀腐蚀是不可避免的,同时也是普遍存在的问题。电偶腐蚀、缝隙腐蚀、磨损腐蚀、应力腐蚀、溶解氧浓差腐蚀、微生物腐蚀等属于局部腐蚀和点蚀,这些腐蚀类型危害最大,能使金属管材在较短的时间内破裂和结垢。通过试验和井下彩色电视检测系统观察,也证实了地热井在 2～3 年内都能产生大量的腐蚀产物(沉积)和结垢。

(4)不同的金属材料在同一水介质中,由于其电极电位不同可形成腐蚀电流。电极电位差越大,其腐蚀电流和腐蚀速度也越大。

(5)建议在同一井内避免采用电极电位相差较大的不同金属材料,如铸铁管—钢管、钢管—镀锌桥式滤水管、钢管—缠丝滤水管等。在同一眼井内选择同样材料为好,建议在目前经济技术条件下推广使用耐腐蚀石油套管。

(6)进一步研究地热井管材的腐蚀与结垢问题,研制新型材料或加大金属材料的表面处理技术研究工作，以提高其使用寿命。

(7)所有地热井每使用 2~3 年后，及时进行必要的洗井和杀菌消毒。以避免产生过快的缝隙(垢下)腐蚀和浓差腐蚀。

# 第9章　郑州地热开发利用现状与发展方向

## 9.1　郑州地热资源特点与开发现状

通过目前勘查和开发情况来看，郑州具有丰富的中低温地热资源，其特点和现状如下所述。

### 9.1.1　地热分布广，具有多重性开发利用价值

郑州目前勘查探明的地热资源分布较广，属低温地热资源。多数地热矿水不仅可以作为医疗保健和洗浴用水，而且还是天然饮用矿泉水(锶和偏硅酸同时达到国家饮用矿泉水标准)；在红层中的地热矿水则是2~5项(锶、偏硅酸、偏硼酸、氟等)同时达到国家医疗热矿水标准，在理疗保健、温泉洗浴等方面具有较高的利用价值。

### 9.1.2　郑州三叠系红层发现地热资源

在郑州多数地区大于1 300 m超深层地热资源勘探和开发，由于地质条件变化大、施工技术难度和风险大，目前基本处于空白状态，特别是在三叠系和二叠系红层寻找地热矿水，曾被认为是禁区。但是，随着技术的发展和人们对资源的需求量增加，寻找新的能源和资源已是当务之急。为此，我们于2004~2005年在郑州市区首次组织实施了2 760 m超深层地热资源科学钻探工程，并取得了重要成果：

(1)在三叠系黏土岩和砂岩"红层"中发现地热资源，从而填补了郑州市超深层地热资源勘探与研究的一项空白。与此同时，郑州深部红层发现了优质热矿水为中国东部地区(北京、河北、河南、山东、安徽、湖北等地区)的地热资源勘探提供了新的信息和希望(中国工程院资深院士刘广志评语)。

(2)水温达到60 ℃，并且热矿水中富含氟、偏硅酸、锶、偏硼酸。可以应用于地热供暖、医疗保健和温泉洗浴等，具有较强的开发利用价值。图9-1是郑州地热第一井抽水时的热蒸气。

**图9-1　郑州地热第一井**

### 9.1.3　勘查开发深度较浅，地热流体质量和温度变化大

目前，郑州地热资源勘查开发的深度一般在800~1 200 m，其开采层多数是新近系，温度为35~45 ℃。在新近系勘探开发地热资源具有成本低、水质好并同时达到饮用天然矿泉水标准、腐蚀性低、口感好等特点；在二叠系或三叠系地层中温度较高，其中多项指标同时达到国家医疗热矿水标准。但是多数情况下热矿水的溶解性总固体和盐类含量较高，分别为3 000 mL／L和2 000~3 500 mL／L，不经过处理地热水不能直接饮用。

### 9.1.4 地热资源开发利用现状

1985 年郑州市区第一眼 1 000 m 地热井钻探成功,20 年来郑州共钻探成功地热井 150 眼左右。这些地热资源的开发利用不仅给人们的生活带来了巨大的益处,而且还为城市经济发展作出了贡献。目前郑州的地热开发主要在以下几方面。

(1)地热洗浴及生活用水　地热水开发利用于洗浴及生活用水的占有极大比重。作为自备水源,大都纳入城市供水范畴。少部分拥有地热井的企事业单位,采用两条供水管路,分别供应热水和自来水。部分宾馆、酒店以地热水供客房洗浴。目前郑州地热公共洗浴场所已有 80 余处,如天澜泉温泉水疗馆、丰乐园温泉中心、华清池温泉洗浴中心、悦来登温泉洗浴中心、金泉温泉洗浴、三李温泉浴池等。

(2)地热游泳馆及康乐中心　游泳馆及康乐中心,大部分具有集游泳、康乐、保健、餐饮、住宿为一体的度假村性质,目前开发较好并具有一定规模的有四处:郑州北戴河温泉康乐馆、郑州漓江温泉游泳训练中心、河南信乐康乐中心和豫龙康乐园。

(3)地热疗养院老年公寓　开发较好的有省直干休所和青龙山老年百寿园。省直干休所深水井由省政府老干部局兴建。井深 1 006.5 m,井口水温 41 ℃。建有地热浴池,并利用管道送往老干部居室。地热水具有浴疗保健作用,浸泡洗浴对心血管病、皮肤病等疾病有一定的保健医疗效果。青龙山老年百寿园位于圃田乡小店村,占地 120 亩,由管城区中医院于 1999 年投资 6 000 万元兴建,这是我省第一个集医疗、保健、生活护理、康乐、度假为一体的温泉老年公寓。开采井深 1 102.7 m,井口水温 45 ℃。百寿园建筑面积 3 000 m$^2$,绿地面积 4 000 m$^2$,疗养床位 500 张,并设有大花园、室内温泉游泳馆、钓鱼台、健身房等活动场所,是老人怡养天年的福地。

(4)地热种植与养殖　地热种植与养殖业具规模的有二七区科技推广示范园、黄河鱼场、丰乐葵花园等处。科技推广示范园位于三李村北,由市财政局和二七区政府投资 600 万元于 1997 年兴建,占地 280 亩。开采井深 350 m,开发中奥陶系岩溶裂隙热水,井口水温 48 ℃,单井出水量 1 236 m$^3$ / d。共建有温室 12 栋,连栋式温室 9 栋,单拱棚 34 栋,滴灌管道 4 000 m,现已形成了规模生产能力,据 2000 年统计资料,年产以色列樱桃、番茄、多色甜椒、西胡芦、日本樱桃、萝卜等名优特蔬菜 50 000 kg,美国大粒樱桃、油桃、绯红葡萄等优质水果 20 000 kg,各类绿化苗木 5 万株,1998 年完成产值 120 万元。此外,还建有热水养殖池,养殖甲鱼和罗非鱼。该园已建成为具有国内先进技术的农业高科技推广示范园基地,被命名为"郑州市二七区国家星火龙头企业"。

(5)饮用天然矿泉水　郑州市地热水大多数达到饮用天然矿泉水标准,经正式评审鉴定为饮用天然矿泉水的有 40 多处,已建厂 15 家。主要为 Sr 型或 Sr、H$_2$SiO$_3$ 复合型饮用矿泉水。

## 9.2 地热资源开发存在的主要问题

尽管郑州地热资源开发利用取得了一些成效,但是与国内其他城市相比,主要还存在以下问题。

### 9.2.1 未能确定地热资源是一种新能源的概念,缺乏规划和指导

地热是十分珍贵的资源,集热、矿、水为一体,具有广泛的用途,与太阳能、风能、

潮汐能、生物质能同属国家要求大力探索和发展的新能源，而且是更为现实的绿色能源。但由于对地热资源的重要性认识不足，目前还停留在"水"的概念上，未确立为新能源的概念。因此，对于地热开发还未形成正确的开发原则和指导思想，地热开发未纳入国民经济发展规划，也未编制地热开发规划，更未考虑地热产业化规划。

### 9.2.2　地热地质工作滞后

　　原河南省地质局曾于 20 世纪 80 年代初完成了全省地热地质调查，并由河南省地质局水文地质管理处(河南省地质环境监测院前身)编制了《河南省地热资源调查研究报告》。报告对郑州市地热地质条件仅作了概略叙述。之后，未再进行过正规的地热地质工作，未形成见诸文字的地热储量报告。所以，就目前地热地质工作所掌握的资料来看还不能提供重点地区地热开发规划的设计依据，难以正确指导地热资源合理开发利用与保护。

　　目前，三李一带浅层热水资源开发中，350 m 以浅井口水温已达 28~48 ℃，可谓地热高异常区，二七区农业科技推广示范园 350 m 井内，已揭露出上奥陶系岩溶裂隙水。单井出水量 1 236 m³/d，井口水温 48 ℃，在尖岗以南地下埋藏着较厚的寒武系、奥陶系碳酸盐类岩层，构造发育，底板最大埋深 2 000 m，尚无钻探揭露。市区新近系热储由西南向东北逐渐加厚，最大厚度大于 1 800 m，而目前超深层地下热水资源，仅局限于800~1 200 m 以浅。三叠系砂岩裂隙热水，仅西部河南省高速公路管理局有一眼井，井深2 300 m 处实测井底温度 86.5 ℃。

　　总之，由于地热地质工作滞后，对市区地热田的规模、边界、热储层的埋深、分布、温度、水质特征、动态特征及地热水允许开采量、允许开采年限和地热开发的经济合理性等，均缺乏全面了解和论证，尚难以正确地指导地热资源合理开发与保护。

### 9.2.3　地热开发缺乏有效的管理

　　近年来，郑州市由于地热开发迅速发展，形成了竞相打地热井的局面，但对地热开发的管理缺乏法规依据，缺少规划，因而不能实施有效的管理。

　　目前，国家和部分城市出台了相关地热资源和矿泉水开发管理办法，把地热开发列入法制化管理规道。

　　国家和地方已出台的有关地热矿泉水资源的法律法规如下所述。

　　国务院：《中华人民共和国矿产资源法》、《中华人民共和国可再生能源法》、《矿产资源补偿费征收管理规定》、《关于加强地质工作决定》。

　　国务院法制局：《关于矿泉水、地热水管理职责分工的通知》、《关于勘查、开采矿泉水、地下热水行政管理适用法律有关问题的复函》、《关于地下热水属性和适用法律问题的复函》。

　　地质矿产部、国土资源部：《地热资源评价方法》、《地热资源地质勘查规范》、《关于加强饮用天然矿泉水开发利用和监督管理的通知》、《关于矿泉水、地下热水适用法律问题的函》、《地质矿产部关于明确地下热水属性的复函》、《关于加强地热、矿泉水勘查、开发管理的通知》、《医疗热矿水水质标准》。

　　最高人民法院：《关于对地下热水的属性及适用法律问题的答复》。

　　建设部、国家质量监督检验局：《地源热泵系统工程技术规范》。

　　北京市人民政府：《北京市地热资源管理办法》。

天津市人民政府：《天津市地热资源管理规定》。

河北省人大：《地热资源管理条例》。

吉林省国土资源厅：《吉林省国土资源厅矿泉水、地热资源管理工作制度》。

云南省人大：《云南省地热资源管理条例》、《昆明市地下水资源管理办法》。

西安市人大：《西安市地下热水资源管理办法》。

陕西省人民政府：《关于加强骊山风景名胜区地下热水资源保护和管理的通知》。

福州市人大：《福州市地下热水(温泉)管理办法》。

内蒙古自治区人大：《内蒙古自治区地热资源管理条例》。

丹东市人大：《关于加强地热资源管理办法》、《丹东市温泉水资源费征收管理暂行办法》。

辽阳市人民政府：《辽阳市地热水和矿泉水资源管理暂行办法》。

辽宁省人大：《鞍山市地热资源管理条例》。

鹤壁市人民政府：《鹤壁市地热及矿泉水资源管理办法》。

邯郸市人民政府：《邯郸市地热资源管理暂行规定》。

银川市人民政府：《银川市地热资源管理暂行规定》。

北京、天津、西安等地均明确了市地矿局为其行政主管部门，而郑州市既有多头管理的现象，也有管理不到位的问题。由于缺乏科学的管理，致使地热井布局不尽合理，在建成区内，地热井密度达 0.18 眼／km²，超量开采导致深层水位以 2~3 m／a 速率逐年下降，静水位埋深 40~60 m；超深层地下水水位以平均 4.16 m／a 的降幅下落，致使原具有自流水头的地热水，水位埋深降至 60~90 m，局部处于严重超采状态。2003 年以来采取限采措施后，由于减少了开采量，地下水位明显回升。据地下水动态监测资料分析，2005 年 8 月与 2004 年 8 月相比，深层地下水水位回升 2.24 m，超深层地下水水位同期相比回升 3.15 m。从而可见，管理从审批开采井着手，科学地选定井间距，合理审批开采量是十分必要的。

### 9.2.4 地热开发单一，效益低下

20 世纪 80 年代以来，郑州市已凿有近 150 眼地热井，但其开发多为机关、企事业单位福利性开发，大多用于饮用、洗浴和生活用水，仅个别地热井用于游泳、康乐等商业性开发，还有许多地热井闲置未开发利用。由于缺乏开发规划指导，各自为政，以"单井独户"为主要开发方式，难以在开发过程中认真贯彻"梯级开发、综合利用、保护环境"的方针，致使地热水利用率低，开发成本高，商业化开发进程缓慢，远未形成地热产业化体系。

### 9.2.5 地热开发缺少政府政策性及扶持性资金支持

地热作为新能源，其开发形成的新兴产业需要大投资，需要高科技投入，尤其是地热勘探和地热开发是具有很大风险的探索性事业，这种风险由开发商独家承担是不合理的，也将影响地热勘探和开发的进程。

### 9.2.6 地热资源开发利用宣传力度不够

目前，国内外开发利用地热资源处于一个迅速发展阶段，许多地区把地热作为一种旅游资源品牌进行宣传和深层次开发，从而带动了其他产业的发展和当地经济的提升。

如河北平山县结合西柏坡革命圣地在当地建造了 10 余处温泉宾馆和度假村，其周边房地产还开发了 8 个住宅小区。江苏东海县则结合水晶资源建造 20 余座温泉度假村，其中有日本、德国等外商投资，如图 9-2 所示。这两处都处于非常偏僻的地方，但是通过地热品牌延伸到了旅游资源而加以开发利用，并取得了很好的经济效益和社会效益。

图 9-2　河北平山和江苏东海温泉宾馆和度假村

河南省地热资源非常丰富，其中有许多地区地热直接出露地表，如郑州三李，鲁山上汤、中汤和下汤，栾川乡汤池寺，临汝温泉乡，洛阳龙门等地，其出露温泉温度可达 60 ℃以上，并且在利用方面也有多年历史。但是在综合开发利用和宣传方面远远落后于其他省市，甚至在文献资料和报道方面几乎很少有河南。所以，我们要在今后加大宣传力度，并重视综合开发利用和科学管理工作，使我们本土的绿色能源和资源带来效益。

## 9.3　地热资源开发利用发展方向

### 9.3.1　信息技术在地热资源开发中的应用

信息技术的应用有效地提高了地热资源开发利用技术与管理水平。随着计算机技术不断发展，信息技术开始应用到地热工程领域，其中监测内容包括井下温度，下泵沉没深度，井口水位、水压、流量等，控制内容包括下泵沉没深度、水流量、地热水分户分配、系统参数等。信息中心可通过无线通信定时或连续地获得由各地热井分站数据，通过计算机进行数据处理、存储、显示，还可实施报警，发出指令，由分站实施人工调控。

### 9.3.2　地热资源梯级开发循环利用技术

该项技术主要解决地热尾水排放温度高对环境造成热污染以及资源利用率问题。当地热水在温度较高时，通过板式换热器换热，供管网系统采暖，再二次换热供地板辐射采暖系统，回水再利用热泵技术提热或输热调峰，根据需要拓宽生活洗浴、医疗保健、花卉种植、水产养殖，使热能得到充分利用。

### 9.3.3　混合热源联动运行空调技术

该项技术主要是缓解能源压力，解决环境污染。以城市中水、湖水、地热尾水等低品位的能源作为空调系统的热、冷源，根据水温在冬季比大气温度高，夏季比大气温度低的特点，冬季利用热泵从水中提取热能进行采暖，必要时由高温地热水辅助进行调峰。夏季利用热泵从水中提取冷能进行制冷。该项技术成功解决了天津城市改造工程中供暖资源不足的问题。

### 9.3.4　深部地层储能反季节循环利用技术

在夏季地热能储存于深部地层热能库，在冬季把冷能储存于深部地层冷能库。通过热泵空调系统，在冬季把地热水抽出来供暖，夏季把冷水抽出来制冷，实现"夏灌冬用"供热，"冬灌夏用"制冷反季节循环，解决了供热制冷，节约了能源，避免了污染。

### 9.3.5　注意非地热异常区的地热勘查与开发和拓宽利用的范围

地热资源分布面广，在深部有强渗透储层分布的条件下，按地热增温率计算，在一定深度内都有可能获得所期望的地热资源。随着勘探技术的进步，目前钻 3 000～4 000 m 的地热深井已不成难题。这就使地热开发有了新的思路，不局限于地热异常或埋藏较浅的热储，在一些大型沉积盆地区和有经济基础的城镇，开始了深部地热资源开发的探索，有的已取得了成功。

### 9.3.6　推进规模化开发，使地热资源的配置趋于合理

提高开发利用的整体经济效益，这是与地热资源的特点、采灌结合开采方式的需要、经济规模化和大型化的发展形势分不开的。随着经济的发展，大型企业的涌现和地热采灌结合方式的实施，地热开发将会限制小型的只采不灌的单位，而鼓励资源条件好，有经济基础的，可以实行规模化开采并可实行采灌结合开发的单位或部门，这是地热开发过程中的必然趋势。

### 9.3.7　制定统一开发规划，实行统一开发

地热是开发以水为载体的资源。由于其流动特性，在同一热田或在分布广泛的同一热储层中开采地热水资源时，开采井之间的相互干扰不可避免，为合理开发、保护资源和地质环境，避免盲目开采，在查清可采地热资源的条件下，制定统一的开发规划，实行统一开发和管理。早期开发地热资源的北京、天津、福州等地相继都制定了地区的地热资源开发规划，并专门成立地热管理部门，从而使地热资源的开发合理、有序和科学。

### 9.3.8　注重环境污染问题

目前，在地热开发中产生的环境污染有以下几点。①热污染，地热开发过程中排放大量较高温度的尾水，造成周围空气或水体温度上升，影响了周围环境和生物的存活生长，破坏了生态平衡。②有害成分随尾水排放后，会富集在土壤和水体中，既不利于农作物生长，也有损于人体健康。③含盐量较高的地热水排入农田将侵蚀土地，破坏植被，造成严重的土壤板结和盐碱化。④在地热水中，不同程度地含有氡、铀及钍等放射性元素，它们都有各自的半衰期，对人体健康有不同程度的危害。

以上这些问题的出现有技术层面上的原因，也存在着管理上不到位的问题，这就需要我们共同努力，对一些技术性的问题从理论上做深入的研究，从实践中进一步探索，取得突破性进展，为我省的地热开发作出贡献。同时，也需要政府出台相应的法规来规范开发行为，使地热资源开发利用走向良性发展道路。

## 9.4　郑州市区地热资源合理开发利用建议与保护

### 9.4.1　开展地热资源详细勘查工作

#### 9.4.1.1　目的与任务

(1)通过详查，对市区地热田是否具有开发价值以及近期内能否开发利用提供依据。

(2)基本查明市区的地层、构造,初步查明地热田内的断层性质、产状、导水性、各地层的孔隙节理裂隙,划分热储、盖层、导水与控热构造。

(3)基本查明地热田内地温、地温梯度的空间变化,进一步圈定地热异常的范围,计算热储温度,分析推断地热异常的成因。

(4)基本查明热储的属性、厚度、埋深及边界条件、各热储层内地热流体的温度、压力、产量及其变化关系,测定各热储的孔隙率及渗透性,圈定地热流体富集地段。

(5)基本查明各热储层中地热流体的相态、地热井排放的汽水比例、地热流体的化学成分、有用组分和有害成分以及地热流体的补给、运移、排泄条件、建立热储理论参数模型。

(6)探求 C+D 级储量,提交评查报告,为市区地热开发总体规划和是否转入勘探阶段提供依据。

### 9.4.1.2　工程布置原则

郑州市地处华北断陷盆地的西南边缘,按其地热地质条件,可划分为两个地热田。即断陷盆地型地热田和断裂隆起型地热田。二者以尖岗断裂($F_{11}$断层)为界。

断裂隆起型地热田分布于市区西南尖岗—三李一带,热储层为寒武系、奥陶系及石炭二叠系碳酸岩,地热田兼有层状热储和带状热储特征,地质构造条件复杂,属 $\text{II}_2$ 型地热勘查类型。

该地热田,寒武系、奥陶系碳酸岩出露于地表,三李泉水温 26~38 ℃向北东埋深逐步加大,据物探超长波探测解释,顶板最大埋深 1 100 m,底板最大埋深 2 000 m。该地热田虽然地处市区非规划区,但通过详查有望打出水温 60~80 ℃的温热水,补给条件好、水质好,若通过详查发现富集地段,可集中开采,解决市区西部、南部集中供热,又有利于该区内发展风景旅游事业与热水种植和热水养殖业。

断陷盆地型地热田分布于尖岗断裂以北广大地区,热储层为新近系松散层中细砂,局部为粗砂砾石层。按其控热层分布,可划分为深层(埋深 350~800 m)温水和超深层(埋深 800 m 以下)温热水。超深层温热水目前钻孔揭露深度多为 800~1 200 m,据物探资料,市区东北部最大层底埋深大于 2 000 m,若市区东北部勘查至 2 000 m,有望增大可采资源量,亦可打出 60~80 ℃的热水。该地热田热储层呈层状,分布面积广,构造条件一般比较简单,地热田勘查类型属 $\text{II}_1$ 型。

鉴于两个地热田地质条件差异性大,详查工作应分步进行。按照 GB11615—1989《地热勘查规范》要求布设评查工作量。

断陷盆地型地热田,详查工作应首先开展 1:5 万综合物探测量,按南北向和东西向布设物探剖面。通过物探,查明区内断层性质、产状、导水性,查明基底岩性与埋深,圈定地热异常带的空间分布。同时应开展 1:5 万地质测量,结合物探成果,查明地热田的地层时代、岩性特征、地质构造,阐述地热异常与构造的关系。断裂隆起型地热田因其范围小,构造复杂,详查工作物探与地质测量按 1:2.5 万要求布设工作量。

在综合分析物探、地质测量成果的基础上,断裂隆起型地热田内布置 5~7 个钻孔,深度以揭控地热异常为主,1~2 个钻孔钻至寒武系碳酸盐层底板下 5 m。一般孔深 800~1 400 m,最大孔深 1 500~2 000 m。断陷盆地型地热田内,深层、超深层各布置 5~7 眼钻孔，深层地热田钻至热储层底板下 5 m，超深层地热钻孔，均应钻至基岩内 5 m，最大孔深 2 000 m 左右。

鉴于三叠系砂岩裂隙水补给径流条件差、埋藏深，详查阶段暂不布设钻探工作。

全部钻孔均应按 GB11615—1989 规定施工、取样和进行抽水试验、收集齐全有关资料、满足 C+D 级储量计算参数。水质分析项目，必须满足工业用水、饮用水、热矿泉水、医疗矿泉水、农业用水和渔业用水综合评价的要求。

### 9.4.2　强化地热资源的开发管理

地热资源属于矿产资源，为了合理开发和保护地热资源，保障郑州地热资源的可持续利用，建议根据《中华人民共和国矿产资源法》及其有关法律、法规，并结合郑州地热开发中存在的问题，制定出《郑州市地热资源管理办法》。促使郑州地热开发驶入有法必依、违法必纠的法制化管理轨道。

目前地热开发较早的北京市、天津市、西安市等城市，均已制定有地热资料管理办法。在北京市制定的地热资源管理办法中，明确规定地热资源开发利用规划由北京市地质矿产局主管，负责地热开发的审批登记，颁发勘查许可证、采矿许可证，强调任何单位申报地热开发利用前，必须向主管部门报送地热资源开发、利用、保护方案，建立健全节能节水措施，完善相关设施。

### 9.4.3　推广应用新技术，提高地热资源利用率

目前，天津市地热开发利用能够持续发展，其中一个因素是在开发过程中，坚持利用新技术，使得全市地热利用的技术水平不断提高和完善。如规范化的井口装置、能够节约能源的变频调速恒压供水装置、计算机自控系统工艺和新型计算装置的研制应用等，均为天津热资源利用提高一个新档次。目前，天津市现有地热尾水的排放温度多在 45 ℃，其热能利用率为 56%，通过尾水二次利用于地板辐射采暖，增加了供热面积，不但节约了煤炭资源，也减少了煤灰对大气的污染，其尾水排放温度降至 30 ℃，降低了地热资源开发成本。天津市塘沽区的地热热泵利用示范工程，使地热利用率提高到 84 %，尾水排放温度降至 25 ℃。

地热热泵是在抽取地下热水过程中，把电能转换成热能，可使 45 ℃ 的热水通过电加热，提高至 70 ℃，一般转入 1 kW 电力，至少能产出 3.8 kW 的热量，相当于节电 70 % 以上，被誉为高效节能的佼佼者。鉴于郑州市抽取地下热水水温低，多在 30 ~ 48 ℃，更有必要推广热泵技术。增热的地下热水可以直接供建筑物取暖—地板辐射取暖二次利用，若尾水通过地热热泵二次增温，又可循环重复利用，提高地热资源利用率。这就需要政府扶持，主管部门协调，形成跨行业、跨部门的供热体系，达到一家开发多家受益的商业化运作过程，可以大大地减少地热资源开发量，降低开发成本。

### 9.4.4　开展回灌试验、延长热田寿命

地热流体虽有补给源，属可再生资源，但决不是取之不尽的资源，当开采量大于补给量时，过量开发必然导致地下水位持续下降，致使无法开采。而地球内部热源中，经常起作用的全球性热源有放射性元素衰变热、地球转运热以及生物作用释放的热能(化学反应热)。地球内部岩石和矿物中，具有足够丰度、生热率高、半衰期与地球年龄相当的放射性元素，衰变时产生巨大能量，是地球内部的主导热源。地球内部核心温度高达

3 000～4 000 ℃会不间断地向地球表层传递热量。因此，向地下热储层内回灌低温水，通过地下热能加热，不但不会降低开发地热水的温度，还可增大地下热储补给量，降低地下热水水位下降速率，延长热田寿命。地热回灌是资源保护的有效措施。同时，通过尾水回灌，又可减少由于直接排放可能对环境造成的热污染和化学污染，保持正常的生态环境。

目前，地热回灌已在世界许多地热田得以应用。并发表了大量的论文及研究成果，普遍认为回灌将会对改善地热田的运行管理起到重要作用。1969 年美国加利福尼亚州盖瑟尔斯热田的回灌项目，为全球地热回灌揭开了序幕。同年，法国在巴黎盆地中低温地热田开展了回灌技术。目前，这项技术在美国、新西兰、冰岛、意大利、法国、日本、罗马尼亚、菲律宾、墨西哥、埃塞俄比亚、肯尼亚、萨尔瓦多等国得到不同程度的应用，无论是用于发电，还是直接利用领域，都取得了一定的效果，并得到全球的认可。美国加利福尼亚州盖瑟尔斯热田属高温热田，用于发电。由于过量开采地下热水，热储压力从 34 MPa，下降到 13 MPa，发电能力每年下降 25～30 MW。1997 年，地热田投资 4 500万美元，把加州几个社区处理后污水和湖泊水，经 46.7 km 的管道输送到热田内回灌，使回灌量增至每秒 400 L 左右，大大地提高了电站发电能力，1999 年初电站发电能力比 1998年初同比增加了 9 MW。

我国地热回灌试验始于 1982 年的北京小汤山热田，回灌井距生产井 200 m，把 35～40 ℃采暖尾水回灌于同层热储层内，经过一个采暖期的试验未发现任何异常。天津市商业储用公司回灌井与生产井井底间距 960 m，5 年来运行正常，目前，天津市已明确规定任何单位施工开采井，必须施工同深回灌井，把回灌工作列入法制化管理。

鉴于郑州市建成区内超量开采引发地下水位大幅度下降，在限采的同时，应当率先开展回灌试验。把温度较低的水灌入热储层中去是一项非常复杂的技术，如果回灌井的位置不当，可能会引起开采井被快速冷却，降低开采井的温度，如果采用的回灌工艺存在问题，则回灌井的回灌能力将可能逐渐降低，甚至最后失去回灌能力。因此，回灌决不是一哄而起的，必须由政府出资主项，组织科研攻关，通过试验研究，取得合理的灌采井间距、方位和回灌工艺回灌量。

回灌试验中要进行示踪剂试验，以研究回灌水在热储中运移的规律，研究回灌对于稳定热储压力和改善热田生产技术条件及合理的回灌量和运行方式。

回灌堵塞会造成越灌越少，甚至灌而不下。堵塞的原因包括物理和化学的因素，物理堵塞主要是指由于回灌水中含有的悬浮物颗粒，在回灌压力作用下，附着于回灌井的井壁或进入热储层孔隙裂隙后而影响回灌能力，回灌中可采用过滤方法除去水中的悬浮物之后再行回灌。化学堵塞主要是指由于物理化学状态的改变或回灌水与地热水之间产生的化学反应而出现沉淀，降低回灌能力。一般的中低温热田，主要产生的是碳酸钙等的沉淀。因此，在设计回灌系统时合理的回灌水温与工作压力的研究和选定，是避免化学沉淀的因素之一。

为了掌握回灌效应，及时发现回灌引起的不利影响，回灌试验中，应对开展回灌试验段附近进行更为严格系统的监测工作。对回灌井需观测回灌的水量、水温、水质以及井口压力；对开采井应观测开采量、出口水温、压力(水位)和出口水质，同时还要监测示踪剂的浓度。

　　总之，通过回灌试验研究，获取符合郑州情况的回灌间距、方位角、压力、回灌量资料，使郑州市生产性回灌全面展开。

### 9.4.5　加强地下热水动态监测工作

　　目前，对郑州各热储层地下水动态监测已开展多年，但监测井点密度、监测项目选定均不尽合理，甚至个别单位禁止监测的现象时有发生。只有加强对各地热田内各热储层水位、水温、水质监测，才能掌握各热储层变化，只有加大监测投入力度，才能加密监测网点，提高监测质量，为地热资源开发管理与保护提供更加充实的监测资料。

### 9.4.6　加强地热资源保护

　　根据郑州市区地热资源分布及开发利用情况，对郑州市区地热资源提出如下保护分区。

#### 9.4.6.1　重点保护区

　　(1)浅层热储限采重点保护区　　主要分布于市区西南一带，热水主要赋存于灰岩裂隙孔隙及破碎带中。受当地煤矿开采地下水及市区深层、超深层地下热水开采的影响，浅层热储区地下热水水位下降过快，影响当地居民生活。对这一区域政府要加强管理，确保地热资源合理开发利用。

　　(2)深层热储限采重点保护区　　主要分布在建城区，热储层为新近系砂岩。这一区域主要是开采井分布较密集，开采过量，导致地下热水位下降。应对这一区域开采井井距进行调整，限制开采水量。

　　(3)超深层热储限采重点保护区　　主要分布在建城区东北部，热储层为新近系砂岩。超深层开采井密度也较大，开采量较大，超深层水位下降过快。应对这一区域开采井井距进行调整，限制开采水量。

#### 9.4.6.2　一般保护区

　　(1)浅层热储适度开发一般保护区　　主要分布于市区西南部侯寨至郭小寨一带，热储岩性主要为泥灰岩和砂岩。工矿企业较少，地热水开采主要以农村居民用水及农业用水为主。受热储层厚度的影响，这一带水量较小。考虑开采用途，这一区域可适度开发。

　　(2)深层热储适度开发一般保护区　　主要分布于建城区周边地带，热储岩性为新近系砂岩。企事业单位较多，但大多数单位用水量较少。这一区域热储层厚度较大，可适度增加开采量。

　　(3)超深层热储适度开发一般保护区　　主要分布于市区东部、东北部，热储岩性为新近系砂岩。特别是郑东新区建设，已加大了地热开发。这一区域要注意井距控制，可适度增加开采量。

#### 9.4.6.3　鼓励开发区

　　深层古生界碳酸盐类热储探采结合鼓励开发区。目前，深层古生界碳酸盐类热储还没有涉及到，各单位应结合自身条件，开发利用这一热储层。政府部门应鼓励各单位向深部开采热水。

# 参 考 文 献

[1] 《供水水文地质手册》编写组。供水水文地质手册(第一、二、三册)[M]，北京：地质出版社，1977.

[2] 卢予北，等. 地热资源开发与问题研究[M]. 郑州：黄河水利出版社，2005.

[3] 中华人民共和国地质矿产部. 地热资源评价方法(DZ40—85)[S]，1986.

[4] 李清林，等. 郑州南地热田重磁电异常特征[J]. 河南地质，1996，14(1).

[5] 齐登红，等. 超深层地下水的补给形成研究[J]. 湖南科技大学学报，2005，20(2).

[6] 温彦. 河南省地热资源及其产业化发展建议[J]. 河南省国土资源开发利用与保护，2000.

[7] 河南省工程水文地质勘察院. 郑州市城市地下水资源评价及信息管理系统研究报告[R]. 1998.

[8] 国家地震局地球物理勘探中心. 郑州市城区深层地下热水资源与开发利用综合勘察研究[R]. 1996.

[9] 河南省地矿厅环境水文地质总站. 河南省郑州市区域水文地质调查报告[R]. 1999.

[10] 河南省地勘局第一水文地质工程地质队. 郑州市东区地热资源研究评价报告[R]. 2001.

[11] 河南省矿业协会. 郑汴地区地热开发调研[R]. 2000.

[12] 河南省地矿建设工程(集团)有限公司. 河南省郑州新区地热调查报告[R]. 2004.

[13] 河南省地矿厅环境水文地质总站. 郑州市饮用矿泉水环境同位素与矿泉水形成初步研究报告[R]. 1995.

[14] 河南省地质局水管处、科技处. 河南省地热资源调查研究报告[R]. 1981.

[15] 卢予北. 郑州市超深层地热资源科学钻探工程[J]. 探矿工程，2005(7).

[16] 卢予北. 地热深井过滤器挤毁事故成因与处理技术[J]. 探矿工程，2006(3).

[17] 蔡义汉. 地热直接利用[M]. 天津：天津大学出版社，2004.

[18] 中华人民共和国国家标准. 地热资源地质勘查规范(GB11615—1989)[S]. 1990.